초등
매일 한 권
독서 습관

초등 매일 한 권 독서 습관

초판 1쇄 2021년 06월 09일

지은이 김은 | **펴낸이** 송영화 | **펴낸곳** 굿위즈덤 | **총괄** 임종익

등록 제 2020-000123호 | **주소** 서울시 마포구 양화로 133 서교타워 711호

전화 02) 322-7803 | **팩스** 02) 6007-1845 | **이메일** gwbooks@hanmail.net

© 김은, 굿위즈덤 2021, *Printed in Korea*.

ISBN 979-11-91447-31-6 03590 | 값 **15,000원**

초등
매일 한 권
독서 습관

호기심, 자신감, 인성부터
사고력, 문해력, 어휘력까지!

김은
지음

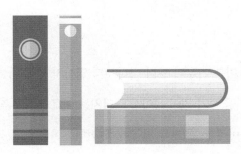

굿위즈덤

나이 40, 조금 늦은 나이에 처음 아이를 낳았다. 해볼 것 다 해보고 이제 아이만 낳으면 정말 예쁘게 사랑을 다해 키울 수 있다고 장담했다. 젊은 엄마들보다는 좀 더 여유로운 마음과 넓은 이해심으로 편안하게 아이를 키울 거라고 생각했다. 바보 같은 생각이었다는 걸 알기까지 그리 오랜 시간이 걸리지 않았다. 막상 낳아보니 나이만 많은 보통 초보 엄마였다.

그래도 갓난아이 시기만 조금 견뎌내면 내 생각처럼 편안해질 줄 알았다. 친정엄마와 주변 친구들이 해주는 '힘든 시기는 금방 지나간다.'라는 희망의 말에 속았다. 언젠가 나에게도 햇살 좋은 날 기분 좋게 커피 한잔하는 여유가 찾아올 줄 알았다.

예민하고 고집이 센 아이를 키우다 보니 하나부터 열까지 옆집 아이들과 달랐다. 남들과 똑같이 키울 수가 없어 육아서를 닥치는 대로 읽기 시작했다. 재우는 것, 먹이는 것, 놀아주는 것 모두 일일이 하나하나 책을 읽고 적용해보았다. 잘되는 것은 습관이 되게 하고, 안 맞는 것은 빼고 버리면서 조금씩 나만의 육아법을 쌓아가기 시작했다.

육아서를 보면 내가 한없이 나쁜 엄마가 되는 듯했다. 화내지 않고 단호하게 훈육하고 밝게 웃으면서 놀아주어야 하는데 나는 그렇지 못해 자책하며 점점 자존감이 떨어졌다. 그러다 책 읽기로 아이를 키우는 것이 아이도 엄마도 행복하게 성장할 수 있다는 것을 깨닫게 되었다. 그 이후로 계속 책과 함께 아이와 나는 커나갈 수 있었다.

초등학교를 보내면서 엄마들은 본격적으로 많은 고민에 싸인다. 학습에 대한 불안감으로 학원을 하나씩 등록하고 피아노, 태권도 같은 예체능도 한두 개씩은 보내게 된다. 다른 아이들 모두가 하는 것을 내 아이만 안 하고 있자니 불안해지기 때문이다. 요즘 아이들이 놀 시간이 부족해 안쓰럽다고 느끼는 것은 누구보다도 엄마들이 잘 알고 있다. 하지만 아는데도 사교육을 포기할 수 없는 것은 불안한 엄마의 마음과 그 마음을 이용한 학원들의 마케팅이 잘 맞아떨어지기 때문이다.

사교육 없이 정말 불안해하지 않을 수 있을까? 초등학생을 자녀로 둔 나도 늘 하던 고민이었다. 나는 이런 고민을 해결해준 책 읽기를 통한 교육의 이점을 이야기해주고 싶다. 아이에게 책을 읽히는 과정에서 내가 겪었던 실패나 성공을 통해 여러분은 실패 없이 아이의 독서 습관을 길러줄 수 있었으면 좋겠다. 머리로는 이해가 가지만 몸으로는 실천하기 힘든 지식 육아서보다는 평범한 일상을 겪는 엄마가 알려주는 실천 육아서를 쓰고 싶었다. 육아서를 읽으면서 아무리 좋은 지식도 내가 실천할 수 없으면 소용이 없다는 것을 몸소 경험했기 때문이다.

어릴 때부터 책을 읽혀 왔다면 중간에 부딪히는 사소한 문제들을 해결하면서 책을 계속 읽혀나갈 수 있지만, 초등학교에 들어가서 처음 독서 습관을 잡으려고 한다면 힘든 게 사실이다. 하지만 지금이라도 반드시 독서 습관을 들여줘야 하고 하루하루 조금씩 실천해간다면 분명 책을 좋아하는 아이로 자랄 수 있다고 장담한다. 왜 독서 습관을 들이는 데 초등 시기가 적기인지, 학원에 가는 것보다도 왜 책 읽기가 우선이 되어야 하는지 여러 사례를 통해 소개했다. 책과 가까이할 수 있는 독서 환경을 만드는 법과 자연스럽게 독서 습관으로 이어지도록 하는 방법을 소개함으로써 누구나 쉽게 적용할 수 있고 책을 좋아하는 자녀로 키우는 데 도움이 되도록 했다.

초등 공부와 교우 관계, 학습 과제도 책을 읽는 것만으로 충분히 스스로 해 나갈 수 있다는 것을 직접 경험했다. 무엇보다 바른 인성과 미래의 꿈을 스스로 찾고 노력하는 아이로 자라고 있는 것을 옆에서 느낀다. 책 읽기가 일상 속으로 스며들 수 있도록 부모가 조금만 관심을 가지고 도와준다면 아이는 분명 앞으로 헤쳐나가야 할 문제들을 스스로 해결하는 힘을 갖게 되리라 생각한다.

독서 습관은 한 해 한 해 아이를 키우면서 나에게 흔들리지 않는 교육관을 심어주었다. 그리고 느리지만 확실한 결과를 보여준다는 믿음이 생기기도 했다. 아이의 독서 습관을 길러주는 데 이 책이 조금은 도움이 되었으면 하는 바람이다.

많은 육아서를 읽고 도움을 받았던 나의 경험이 이제는 누군가에게 도움이 될 수 있다는 데 감사함을 느낀다. 한 권의 책을 위해 모든 노력을 아끼지 않는 굿위즈덤 출판사 관계자 모든 분께 감사드린다. 항상 나에게 많은 영감을 주고 제주에서 멋진 작품 활동과 교육을 하는 조형미술 작가 백유와 카페 테라피쉬를 오픈한 친구 명열이에게 감사함을 전한다. 그리고 선배 엄마로서 육아에 많은 조언을 해준 친구 길숙, 지은, 희경, 현화와 항상 곁에서 기쁨과 슬픔을 함께한 인실, 여진, 진아의 꿈도 진심으로 응원한다. 평생 나의 엄마로 살아오신 사랑하는 엄마와 우리 가족 모두에게 감사하고, 이 책을 못 보고 떠나신 아빠께도 태어나게 해주심에 감사를 드린다. 끝으로 항상 나의 멘토로 가장 큰 힘이 되어주는 남편과 우주보다 엄마를 더 사랑한다는 귀여운 나의 딸 제인이에게 아주 많이 사랑하고 고맙다고 말해주고 싶다.

6월 비 온 뒤 갬
저자 김은

목차

2장

평생 독서 습관은 초등이 적기다

3장

내 아이 독서 환경 만들기

4장

매일 한 권 독서 습관 만드는 8가지 방법

5장

어떤 공부보다 책 읽기가 먼저다

1장

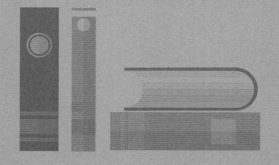

책을 싫어하는
아이는 없다

아이들은 왜
책 읽기를 싫어할까?

아직도 내 아이가 책을 싫어한다고 생각하는가? 세상의 모든 아이는 태어날 때부터 책을 좋아한다. 단지 어릴 때부터 책을 읽어준 부모와 읽어주지 않은 부모가 있을 뿐이다. 이 얘기를 하면 내 아이가 책을 좋아하지 않는 이유가 어릴 때 책을 읽어주지 못한 본인 때문이라며 자책할 수도 있다. 그리고 영영 책을 싫어하는 아이로 자라게 될까 봐 걱정하는 부모도 있을 것이다. 하지만 결코 늦은 때란 없다. 당장 오늘부터 꾸준히 습관을 들여간다면 초등학교를 마칠 때 쯤엔 분명 책을 사랑하는 아이가 되어 있을 것이다.

아이를 낳고 가장 잘했다고 나 스스로 칭찬하는 것이 딱 하나 있다. 그것은 아이가 배 속에 있을 때부터 하루도 거르지 않고 책을 읽어준 것이다. 어릴 때는 자기 전엔 몇 시간이고 읽어줬고 여행을 갈 때도 가방에 책을 넣고 가서 밤에 읽어줬다. 그냥 나도 습관이 되다 보니 매일 읽어주게 되었고 책을 읽어주지 않으면 아이가 잠을 자지 않았다. 이 모습을 마냥 부러워할 엄마들도 있겠지만 솔직히 그때 나는 책 읽어주느라 피곤하고 목이 아파 침이 안 넘어갈 때도 있었다.

다행히 힘든 과정을 견뎌낸 덕분인지 아이는 책을 좋아하는 아이로 자랐고 습관처럼 책을 읽었다. 자라면서 한 번도 아이에게 책을 읽으라고 강요하지 않았다. 책을 읽으면 좋은 이유들과 책을 많이 읽고 훌륭한 사람이 된 위인들 이야기를 자주 해주었다.

그렇게 책을 잘 읽던 아이가 초등학교에 들어가면서 책보다 다른 것에 관심을 더 가지기 시작했다. 너무 조바심이 났다. 내가 공들여 쌓은 책 읽기 습관이 무너질 것 같고 영영 책과 멀어지는 순간이 왔다고 생각했다. 나의 착각과 실수가 여기에서 비롯되었다.

책 읽기를 강요하지 않았던 나도 아이가 책과 잠시 멀어지던 그때는 불안함에 참지를 못하고 하루 하루 책을 얼마나 읽었는지 조금씩 확인하게 되었다. 묻고 확인하고, 은근슬쩍 고심해서 고른 새 책을 사다 놓고는 했다. 그러면 그럴수록 아이는 더 책과 멀어져갔다.

아이가 더 책을 싫어하게 될 것 같아 반쯤 포기하고 그냥 아무 말 없이 두었다. 나랑 신랑만 좋아하는 책을 실컷 읽으면서 지냈다. 엄마 아빠가 옆에서 책을 읽고 있는데도 아이는 꿈쩍도 하지 않고 오히려 실컷 놀기만 했다. 속으로는 학원도 안 다니는데 책마저도 읽지 않는 아이가 내심 불안하기도 했다. 하지만 공부보다는 책을 좋아하는 아이면 좋겠다는 우리 나름의 교육철학이 있었기에 그냥 두고 지켜봤다.

그렇게 한두 달 정도 지나고 아이가 다시 책을 잡았다. 나중에 생각해보니 아이가 어렸을 때 육아서에서 읽었던 '책의 항아리를 비우는 시기'라는 것이 떠올랐다. 잘 읽던 아이들이 한동안 딴짓만 하며 책을 읽지 않을 때가 있는데 그것은 그동안 꽉 채운 책의 항아리를 비우는 시기이다. 다 비우고 나면 다시 책의 바다로 빠져드는 시기가 온다.

아이가 책 읽기를 싫어하게 만드는 건 부모의 태도다. 책을 좋아하는 아이로 키우기 위해 절대 하지 말아야 할 것은 숙제나 공부처럼 독서를 강요하는 것이다. 몇 권 읽었는지 묻고, 어떤 내용이었는지 묻고, 독서록에 기록했는지 확인하는 것은 절대로 해서는 안 된다. 아이들 본인도 책을 읽어야 한다는 것도, 책 읽기가 중요하다는 사실도 잘 안다. 그런데 책과 가까워지는 방법도 모르고 재미를 느끼지 못할 뿐이다. 독서는 하루 중에 즐기는 여가활동 중 하나여야 한다. 공부나 숙제처럼 의무적으로 강요해서는 절대 안 된다. 책 읽기는 힘든 공부 중에 즐길 수 있는 휴식 같은 친구가 되어야 사춘기 이후 청소년기에도 책을 꾸준히 읽게 된다.

그리고 또 아이가 책을 읽기 싫어하는 이유 중 하나는 너무 당연한 대답 같지만 정말 재미없는 책을 읽을 때이다. 아이가 싫어하는데도 교과서 연계 도서나 권장 도서와 같은 학습에 도움이 될 것 같은 책만 강요하면 절대 책을 좋아할 수 없다. 또 엄마가 어렵게 검색해서 거금을 들여 구매한 전집을 투자한 돈이 아깝다고 아이에게 권한다면 그 또한 실패다. 책 육아를 하려는 엄마들이 많아지면서 좋은 책 목록이나 전집 추천 정보가 넘쳐난다. 도서관에 엄마 혼자 가서 추천 도서나 권장 도서 목록만 보며 대출을 하기도 하고 학습 진도 나가듯이 경쟁하며 책을 읽히는 것은 잘못된 책 육아 방법이다. 아이가 스스로 고른 재미있는 책을 놀이하듯이 읽게 될 때 점점 책과 가까워진다.

설령 아이가 고른 책이 만화책이어도 처음엔 그냥 읽게 했으면 좋겠다. 일단 아이가 책에 흥미를 갖게 하는 것이 우선이다. 책 읽기에 재미를 먼저 붙이고 나서 적절히 만화책과 글 책을 조금씩 섞어서 읽히면 된다. 우리 아이도 초등학교 입학하고 처음엔 학습만화라는 신세계에 빠져 읽을 때가 있었다. 정말 많이 고민했지만, 아이를 믿고 그냥 두었다. 한동안 지겹도록 많이 읽고 나자 결국 나중에는 만화가 주는 재미가 한계가 있어 더는 읽지 않게 되었다.

아이가 좋아하는 분야의 책만 읽으려고 할까 봐 걱정할 수도 있다. 하지만 아이가 흥미를 갖는 분야를 통해 다른 분야로 독서 취향이 넓어지는 경우가 많으니 걱정하지 않아도 된다. 강가에 징검다리를 놓아 강을 건너듯 아이가 좋아하는 책은 스스로 읽게 하고, 읽혀주고 싶은 책은 부모가 함께 읽어주면서 점점 분야를 넓힐 수 있게 도와줄 수도 있다.

내 아이의 컨디션을 자세히 관찰하다 보면 언제가 책 읽기 좋은 때인지 알게 된다. 나는 아이가 심하게 운동을 하거나 바깥 활동을 하고 나면 흥분이 가라앉지 않아서 책 읽기가 힘들 것이라고 생각했다. 그래서 숙제나 그림 그리기 같은 정적인 활동 후에 책을 슬쩍 펼쳐주고 읽기를 유도한 적이 있다. 그랬더니 몸이 꼬이고 집중도 안 되고 자꾸 물 마시러 가거나 화장실을 가는 등 산만해졌다.

보다 못한 아빠가 데리고 나가 땀이 비 오듯 축구를 한바탕하고 들어와서 샤워를 마쳤다. 씻고 나온 아이가 노곤하고 피곤해하니 '오늘 책은 안 읽겠구나.' 하는 생각이 들었다. 그런데 의외로 활발하게 뛰어논 후에 몸을 차분히 가라앉히면서 책을 읽으면서 쉬는 게 아닌가. 예상 밖의 책 읽기 좋은 때가 운동 후인 것을 알게 되었다. 집중을 요구하는 과제나 공부한 후에는 그다지 책을 읽지 않는다. 오히려 아이가 신나게 놀고 난 후 시원한 음료 한잔 주고 아이 옆에서 살며시 책을 펼쳐 들면 아이도 따라 책을 펴게 된다.

부모는 TV를 보거나 스마트폰을 들여다보면서 아이만 책을 읽기 바란다면 책 읽는 우리 아이 모습은 볼 수 없다. 어릴 때는 부모가 강압적으로 책 읽기를 시켜도 아이들이 따를 수는 있지만 내심 속으로는 '내가 커서 힘이 생기면 어른처럼 하고 싶은 것 마음껏 해야지.' 하고 생각한다.

물론 책을 읽지 않던 어른도 갑자기 매일 책을 읽기란 좀처럼 쉽지 않다. 그렇다면 우선 아이가 읽는 책을 함께 읽어도 좋다. 오히려 아이 책을 읽고 재미있었던 부분을 함께 이야기한다면 아이는 부모와 공유하는 부분이 생겨 책에 흥미를 더 갖게 된다. 초등학교에 들어가고 한글을 읽을 수 있게 되어도 엄마가 책을 읽어주면 좋다. 왜냐하면 보통 한글을 뗐을 뿐 읽기 독립은 안 된 경우가 많기 때문이다. 엄마가 한 장, 아이가 한 장 번갈아가며 읽으면서 책 읽기는 엄마와 함께하는 즐거운 시간임을 느끼게 해줘야 한다.

보통 3~4학년이 되면 이전에 읽던 책들에 비해 내용이 조금 어려워지고 책의 두께도 두꺼워진다. 긴 호흡을 가지고 줄거리를 따라가야 재미있는데 독서 속도가 늦으면 앞의 이야기가 기억이 안 나고 재미가 없어진다. 그래서 이 시기에 어느 부분을 골라 읽어도 재미있는 흥미 위주의 책이나 만화책을 많이 보게 되는 것이다. 긴 글의 책은 부모가 이야기 첫 부분을 함께 읽어주면서 책 읽는 속도를 끌어 올려주는 것이 좋다. 그래야 아이가 책에 흥미를 느낄 수 있다.

부모가 조금만 관심을 가지고 함께 이끌어주면 어떤 아이든지 책을 좋아하게 된다. 절대 책 읽기가 숙제나 학습처럼 느껴지도록 강요해서는 안 된다. 또 엄마가 읽히고 싶은 책만 억지로 권하지 말고 아이 스스로 재미있는 책을 고를 수 있게 해주면 좋다. 어떤 책을 골라도 응원해주고 따뜻한 시선으로 기다려주자. 책을 혼자 읽을 수 있는 나이여도 엄마가 함께 읽어주고 잠자리에서 아이와 많은 대화를 이어가기를 추천한다. 그런 엄마와 보낸 따뜻한 시간으로 아이는 자라면서 정서적으로 안정되고 책과 좋은 친구가 되어 초등학교 시절을 행복하게 보낼 수 있다.

생각하기 싫어하는
아이들

"생각하는 대로 살지 못하면 사는 대로 생각하게 된다."

스콧 니어링이 한 말이다. 하루 중에 우리가 깊이 생각하고 행동하는 시간은 얼마나 될까?

아침부터 피곤한 몸을 일으켜 출근 준비를 하거나 아이 등교 준비를 할 때는 습관처럼 자동으로 몸이 움직인다. 준비를 마치면 시간에 늦지 않기 위해 뛰거나 차를 타고 달리기 시작한다. 출근을 위해 가까스로 전철에 올라타서는 스마트폰을 켜고 메일 또는 뉴스를 읽거나 메시지를 주고받는다. 어떤 사람은 의자에 기대어 졸거나 그렇지 않으면 게임을 하기도 하고 영화나 드라마를 보며 지루한 출근 시간을 보내기도 한다.

깊이 고민할 일이 그다지 필요하지 않다. 생각할 시간이 있어야 고민하고 결정하고 행동할 텐데 그렇게 여유로운 시간이 별로 없다.

나는 가끔 인터넷 카페에 올라오는 질문에 깜짝 놀랄 때가 있다.

"오늘 아이 패딩을 입히고 학교에 보내셨나요? 안 입히면 추울까요?"

"제 옷 좀 골라주세요. 1번을 살까요? 2번을 살까요?"

"혼자 점심 먹을 건데 이웃님들 뭐 드세요? 냉면 먹을까요? 아니면 돈가스가 나을까요?"

결정장애로 질문한다고 볼 수도 있지만 생각하고 고민하는 습관이 안 되어 있어서 그럴 수도 있다. 무엇이든 인터넷으로 검색하면 바로 정보를 얻을 수 있고 누군가에게 물어보는 편이 인터넷처럼 빠른 답변을 얻는다. 스스로 고민해서 결정하는 습관이 없다 보니 다른 사람이 해주는 생각을 따르는 것이다.

흔히 보는 유튜브는 누가 봐도 알기 쉽고 재미있는 영상으로 사람들의 공감을 얻는다. 사람들이 영상을 많이 보다 보니 긴 글로 된 것을 읽기 싫어하고 귀찮아한다. 깊이 고민하고 생각하기를 싫어하게 되고 점점 정보 검색으로 결정하면서 생각하지 않아도 되는 시대에 살아가고 있다.

장시간의 스마트폰 사용은 뇌의 크기를 줄어들게 해서 정상적인 사고를 할 수 없게 한다. 뇌의 구조가 자신도 모르는 새 바뀌어가면서 스마트폰을 손에서 놓지 못하고 즉각적인 현상에만 반응하게 된다. 즉 팝콘브레인이 되어간다는 뜻이다. 이로 인해 SNS, E-mail 등을 수시로 확인하는 습관이 생기고 결국 스마트폰을 한시도 손에서 놓지 못한다.

어른들도 이러한데 아이들이라고 얼마나 깊이 생각하며 지낼까? 요즘은 특하나 엄마들이 하루 일정표도 다 짜주고 일일이 다 챙겨준다. 아이들은 그냥 가라고 하는 시간에 학원에 가서 앉아 있다가 집으로 돌아와서 핸드폰 게임을 하거나 정해진 분량의 문제집을 풀고 잔다. 스스로 생각하고 결정할 게 없다.

나는 조금 늦은 나이에 딸아이를 낳았다. 아이를 키우면서 절대 하지 말아야지 다짐했던 것이 있다. 외동아이라는 것을 누가 봐도 알 수 있게 모든 것을 다 들어주고 자립심 없이 키우는 것이다. 많이 배려하고 스스로 하도록 가르친 것 같지만 요즘 많이 반성한다. '내가 성격이 급해서 기다려주지 못하고 스스로 할 기회를 빼앗았나?', '혼자 많은 것을 누리며 이기적으로 자라고 있는 것은 아닌가?' 하는 생각이 든다.

밥을 먹고 있는 아이에게 "이거 줄까?" 하고 묻고 난 뒤 대답도 듣기 전에 바로 "싫으면 이거 먹을래?" 하고 묻는다. 그러면 아이는 한숨 한 번 내쉬고는 "엄마, 물었으면 대답은 들어줘야 하지 않아? 내가 생각할 시간을 줘야지. 어떻게 듣자마자 바로 대답을 해?"라는 말이 돌아온다. 생각을 못 하게 하는 주범은 우리 집에서는 스마트폰이 아니라 엄마인 나다.

때때로 식사를 할 때도 이것저것 관찰하며 먹다가 아이가 음식을 흘리면 자연스럽게 휴지 한 장 톡 뽑아 건네준다. 아무 생각이 없었는데 아이가 이런 나에게 "엄마, 내가 휴지가 필요한지 다른 게 필요한지 어떻게 알아? 엄마가 내 머릿속에 들어와 있는 것도 아니잖아." 하고 어이없어서 웃으며 얘기한다. 아휴, 이럴 땐 내 손발을 꽁꽁 묶어버리고 싶다. 그렇게 싫다고 생각하는 양육 방식을 내가 최상급으로 실행하고 있다니.

아이가 실수한다면 자기가 한 실수를 인지하고 어떻게 해결할지 고민하고 해결 방법을 찾을 수 있게 생각할 시간을 기다려줘야 한다. 부모들이 해결하면 시간도 덜 들고 쉽게 해결할 수 있기는 하다. 그런데 점점 그런 시간이 쌓이면 아이는 실패하면서 배우는 것이 아니라 1차원적인 생각에 머물고 그 순간만 모면하려고 한다.

'실패했네. 힘들다. 포기하자. 누가 대신 해주지?'

나는 아이에게 핀잔을 들은 이후로 정말 많은 후회와 자책을 했다. 그날

이후로 말하기 전에 한 번 침을 삼키며 말도 같이 삼킨 후 기다린다. 적어도 생각하는 아이의 뇌를 멈추는 것이 엄마가 되어서는 안 되겠다는 생각이 든다. 스마트폰보다 더 나쁜 엄마 말이다.

아이들 공부를 옆에서 도와주면서 다들 어떤지 궁금하다. 문제 하나 알려주려는데 몸은 뱀처럼 꼬기 시작하고 분명 학교에서 배운 건데 몇 번을 말해줘도 알아듣는 건지 모르는 건지 답답하기만 하다. 호기로운 마음에 부드럽게 시작한 공부인데 어느새 엄마의 목소리는 하늘을 뚫고 우주까지 날아갈 기세다. 왜 공부는 선생님께 맡기는지 엄마들 모두 공감할 것이다.

딸아이는 피아노 학원을 제외하고 학원에 다니지 않지만, 책 읽기를 제외하면 공부에 할애하는 시간은 많지 않다. 대부분 책 읽고 그림을 그리거나 역할 놀이하면서 온종일 논다.

본인도 너무한다 생각했는지 수학 문제집을 하나 사달라고 해서 사주었다. 가끔 혼자 풀고 채점을 해달라고 해서 채점을 하다 보면 나도 모르게 조급함이 나온다. 틀린 문제를 보며 "이 문제는 왜 이렇게 생각하고 풀었어?" 하고 묻고는 "이건 이런 문제니까 이렇게 계산해서 풀어야 해."라고 친절한 선생님이 되어 가르쳐준다. 뿌듯한 마음에 다음 문제를 보며 "이 문제는 어떻게 풀어야 할까?"라고 물으니 아이가 내 입만 보고 있다. 얼른 해답을 말해 달라는 듯이 말이다.

도대체 문제집은 풀어서 뭐할 건지, 엄마가 풀어주는 것과 뭐가 다른가? 아이가 틀린 문제를 생각하고 고민할 시간을 주지도 않고 친절하게 다 알려줄 거면 뭐 하러 목에 핏대 세워가며 내가 가르치고 있나 싶다. 그냥 답안지나 해설을 보고 외우라고 하는 것과 뭐가 다른 것인지 알 수가 없다. 배움의 목적에서 한참 벗어난 행위이다. 모르는 것을 배우고 스스로 깨우쳐가는 과정이 배움인데 그냥 원인과 결과 없이 외우는 것과 다를 바 없다.

우리 아이들의 사고력을 저하시키는 최고의 원인은 게임과 스마트폰이다. 게임은 생각하기 이전에 감각으로 빠르게 대응하도록 만든 프로그램이다. 감각으로만 움직이다 보니 생각할 시간도 없고 필요도 없다. 빠른 동작만이 게임을 즐기는 데 필요한 최고의 기술이다.

스마트폰도 마찬가지다. 쉽고 편하게 영상을 볼 수 있어서 사고력이 현저하게 떨어지고, 그러다 보니 긴 글의 책은 읽기 힘들어지고 줄거리를 생각하며 책을 읽는 재미는 점점 사라져간다.

그에 못지않게 우리 아이가 생각하기 싫어하는 아이가 되게 하는 데는 기다려주지 못하는 엄마도 한몫한다. 엄마가 쳇바퀴 돌아가듯 알아서 짜준 계획표에 맞춰 기계처럼 움직여야 하고 뭐든 생각할 필요도 없이 필요한 걸 즉각 제공해주는 것은 아이의 생각을 멈추게 하는 것이다. 아이가 스스로 생각하고 계획을 짤 수 있도록 함께 대화하며 도움을 주고, 영상은 되도록 짧은 시간만 보도록 해야 한다.

우리 아이가 커가는 동안 스스로 할 수 있는 일들도 함께 자란다. 아이가 자립할 수 있는 소중한 능력을 엄마가 빼앗아버리는 실수만 하지 않는다면 생각 주머니도 영원히 멈추지 않고 커질 것이다.

엄마의 독서 취향만
고집하지 마라

내가 대단하다고 느끼는 것 중 하나는 한 편의 영화를 수십 번 반복해서 보는 사람들이다. 물론 연기를 직업으로 갖는 사람들은 그럴 수 있지만 나 같은 일반인이 보았던 영화를 계속 본다는 것은 나로서는 이해가 가지 않는다. 감명받은 책을 읽고 또 읽는 사람도 있다. 책에 나오는 인상 깊은 구절을 외울 정도로 몇 번이고 읽는 사람들… 참으로 대단하다.

나는 한 번 볼 때 뭐든 꼼꼼히 보는 습관이 있어서 아무리 재미있는 드라마도 재방송을 보지 못한다. 배우가 무엇을 입고 어느 부분에서 쓰러질지, 다음 사건 전개를 뻔히 다 알고 있는데 흥미가 있을 리 없다.

책도 마찬가지다. 한 번 읽고 진한 감동을 느꼈는데 두 번 읽는다고 감동이 두 배가 되진 않는다. 예전의 나는 그랬다.

아이가 어려서 한동안 책을 읽어줄 때 그런 위기가 찾아왔다. 그토록 반복해서 읽기 싫어하는 나에게 아이는 매일매일 같은 책을 들고 왔다. 처음에 한두 번은 낭랑한 목소리로 읽어주었다. 책을 읽겠다고 들고 오는 아이가 너무 기특하고 예뻐서 몇 번이고 읽어주었다. 그런데 그 많고 많은 60권으로 구성된 전집 중에 두 권만을 매일 읽어 달라고 했다. 심지어 읽어주고 책을 덮자마자 '또, 또!'를 반복했다.

"어쩐지 모두 바빠 보여요. 쥐돌아! 이거 엄마한테 가져다드리거라."

8년이 지난 지금 제목만 보고도 책 속의 대사를 전부 외우고 있을 만큼 읽고 또 읽었다. 그런데도 또 그놈의 『이제 곧 설날이에요』를 계속 들고 온다. 처음 읽어줄 때와는 달리 네다섯 번이 되어가면서 내 목소리는 점점 땅속으로 꺼져 내려갔고 영혼 없는 책 읽어주기가 되었다. 그리고 그 책을 다음 날도 그다음 날도 들고 온다. 미칠 노릇이다. 나는 60권이나 되는 많은 책이 있는데도 왜 그렇게 몇 가지 책에 꽂혀서 그러는지 이해가 가지 않았다.

골고루 한 권 한 권 다 읽어주고 싶었다. 다양한 교훈들이 녹아 있는 책들을 모두 읽고 바르고 밝은 아이로 자라기를 바라면서 말이다. 그건 순전히 엄마가 원하는 책 읽기 취향인 것이다. 여러 분야의 책을 꼼꼼히 읽어 마음에 깊이 새겨 훌륭한 아이로 자라는 것.

하지만 아이들은 의외로 한 가지 책을 반복해서 읽기를 좋아한다. 그림만 봐도 좋고 너무 재미있어서 엄마 무릎에 엉덩이를 들이밀고 앉아서 첫 장을 펼칠 땐 상기된 얼굴로 눈이 반짝거린다. 마치 이번이 처음 읽는 책처럼 말이다.

아이의 그런 눈빛을 외면하고 나는 너무 지겨워서 "인제 그만 읽자." 하고 다른 책을 꺼내어 그림을 보여주면서 과한 동작으로 유혹했지만 실패했다. 오히려 엉덩이 들고 일어나 볼일 다 본 사람처럼 다른 장난감을 찾아 떠나버렸다. 그렇게 책 읽기 대 실패의 날이 되었다.

책 읽기는 순전히 아이가 이끄는 대로 따라가야 한다. 자기가 좋아하는 책을 수십 번 반복해서 읽으면서 온전히 책과 자신이 일치하는 경험을 할 수 있도록 해야 한다. 엄마가 읽어주고 싶은 책, 교훈적인 책만 고집하면 책을 좋아하는 아이로 자라는 첫 단추를 잘못 채우게 된다. 두어 번 읽다가 점점 책 읽기는 지루하고 재미없는 놀이로 인식되고 책과 멀어지게 된다.

육아서를 읽다 보니 반복 읽기는 너무나도 당연한 아이들의 특성이었고 내 아이만 그런 것이 아니라는 것도 알게 되었다. 그 이후로 나는 읽어 달라고 할 때마다 몇 번이고 읽어줬고 내 독서 취향을 고집하지 않았다. 그런 덕분에 다시 웃으며 책 읽기에 빠져들었고 『이제 곧 설날이에요』와 『맛있는 숨바꼭질』은 아이와 나만의 추억이 되어 아직도 책장에 꽂혀 있다. 그리고 커서도 자기 아이에게 꼭 읽어주고 싶은 소중한 우리 아이의 보물이 되었다.

도서관에 가면 아이들이 너무 진지하게 숨을 죽이고 책에 빠져 있다. 움직이지 않는 아이들의 등을 바라보고 있으면 절로 미소가 지어진다. 그런데 가까이 다가가 보면 유아들은 그림책을 읽고 있는 반면에 초등학생들은 대부분 만화책을 보고 있다.

요즘 유행하는 TV 프로그램이나 유명한 유튜브 방송은 대부분 만화책으로도 발간된다. 그런 책은 매일 대출이 되어 서가에 꽂혀 있을 시간이 없는 걸 보면 인기를 실감할 수 있다.

집에 TV가 없는 우리 집은 프로그램을 잘 몰라서 아이가 처음엔 그다지 관심을 두지 않았다. 그러다 주말 이모네 집에 방문했다가 그 판도라의 상자를 열어버리게 되었다. 도서관에서 보던 만화책 속의 주인공들을 주말 이틀 내내 신나게 TV에서 만나게 되었다.

그 후로 도서관을 가면 보물을 찾듯이 만화책을 찾아 헤맸고 운 좋게 손에 넣은 날은 대출하고 집으로 돌아와 온종일 보았다. 학습만화도 마음에 안 드는데 아무 의미 없어 보이는 만화책이라니 정말이지 한숨만 나왔다. 이대로 두어도 될까?

책을 한 권도 안 읽는 자녀를 둔 엄마라면 아이가 학습만화라도 읽기를 원한다. 하지만 만화책에 빠진 아이를 둔 엄마들은 그야말로 만화와의 전쟁에 들어간다. 만화책을 읽기 시작하면 글 책은 읽지 않기 때문이다.

빈대 잡으려다 초가삼간 다 태운다더니, 나는 만화책에 빠진 아이를 구하려다 영영 도서관과 이별할 뻔했다. 도서관 갈 때마다 아이가 만화책을 집어 들면 나도 모르게 눈이 동그래지니 엄마 눈치를 보며 "이것만 읽을게요." 한다. 그러다 점점 도서관에 가는 것조차도 흥미를 잃어갔다. 가도 자기가 읽고 싶은 책은 읽을 수 없으니 가는 의미도 즐거움도 없는 거다.

어느 날 맘껏 읽고 싶은 대로 읽으라고 허락했더니 믿지 못하는 눈으로 나를 바라보았다. 그러고는 사실임을 안 순간부터 한동안 만화책에 빠져 살았다. 맺힌 한이 다 풀릴 정도로 만화에 빠져 살더니 어느 날 만화 속 세계에서 아이 스스로 탈출했다. 아이를 믿어주고 기다려주길 잘한 것 같았다.

아이가 좋아하는 만화책을 보면 유독 관심 있는 분야를 잘 알 수 있다. 만화책을 즐겨 읽을 때 그림이 많이 섞인 비슷한 분야의 책을 함께 읽을 수 있게 해주면 아이 취향이 존중되면서 글 책으로도 서서히 넘어올 수 있다.

2학년이 될 때까지도 우리 아이는 혼자 화장실에 가기를 무서워했다. 집에서는 화장실 문을 활짝 열고 볼일을 보아야 했고 학교에서는 참고 참았다가 교문을 뛰쳐나오며 '화장실'을 외치곤 했다. 겁도 많아서 혼자 엘리베이터를 타지도 못하고 집에서는 엄마가 보이지 않는 곳에 혼자 있지도 못한다.

이렇게 겁쟁이가 된 이유 중에는 아이가 좋아하는 공포물과 추리물 책이 한몫했다. 내가 보기에도 무서운 그림의 책표지의 공포물 책을 너무 좋아해서 도서관에서도 빌리고 서점에 갈 때도 사서 읽기 시작했다.

도움이 하나도 될 것 같지 않은 책을 무서워하면서도 읽으니 나도 모르게 화를 내게 되었다. 따뜻한 그림에 정서적으로 좋은 인성 동화가 얼마나 많은데 꿈에라도 나올까 봐 무서운 책을 읽고 있으니 말이다. 아니나 다를까 무서운 꿈도 자주 꾸기 일쑤고 잠꼬대도 심했다. 그런 나의 반대에도 불구하고 아이는 호기심에 공포물 책을 포기하지 못했다.

책 속 이야기를 읽고 있으면 마치 현실에 있는 것처럼 상상이 되고 옆에서 살아 움직이는 느낌이 든다고 했다. 그래서 특히나 더 무서워했고 아무리 내가 책일 뿐이라고 이야기하고 꿈이라고 이야기해줘도 소름까지 돋아가며 무서워했다. 그러면서도 호기심을 포기하지 못했다.

초등학교 1학년 무렵엔 보이지 않는 것을 상상하는 힘이 자라는 시기이다. 그래서 이 시기에 현실적인 창작동화보다 판타지 같은 이야기나 상상력을 불러일으키는 공포물에 흥미가 있었던 것이었다.

만약 내가 끝까지 책을 읽지 못하게 반대를 했다면 상상의 나래를 펼 수 있는 1학년 시기를 현실적 사고만 하다가 끝났을 것이다. 지적 호기심이 커지는 2학년이 되면서 딸은 환상의 세계에서 현실 세계로 드디어 돌아왔다. 그러니 아이의 독서 취향을 믿고 기다려봐도 좋을 것 같다.

책 읽기가 사교육을 이긴다는 신념으로 책 육아를 하는 엄마들이 많아졌다. 좋다는 책은 과감하게 구매하고 아이들에게 책을 많이 읽어주는 것은 물론 주말마다 도서관 가기를 마다하지 않는다. 대부분 책 읽는 습관을 심어주어 학습 성취도와 자기 주도 학습 능력을 키워주기 위함이다.

하지만 쉽게 생각하고 시작했다가 포기한 엄마들도 많다. 책 육아의 핵심은 즐거운 책 읽기가 기본이 되어야 하는데 엄마의 취향대로 아이 발달 수준보다 더 어려운 책을 고집하고 아이의 관심 분야를 무시한 채 책을 골라주고 읽도록 강요하기 때문이다.

엄마의 독서 취향만 고집해서 책을 읽게 한다면 안타깝게도 아이가 책의 바다에 빠지는 행복은 맛볼 수 없다. 엄마도 자신의 취향을 벗어난 옷을 과감하게 입지 못하는 것처럼 아이도 좋아하지 않는 분야의 책을 행복하게 읽지는 못하기 때문이다.

책은 책장에 꽂는 것이
아니다

요즘 미니멀 라이프가 대세다. 물건을 보고 가슴이 뛰도록 설레면 남겨두고 버리긴 아깝지만 1년에 한두 번 쓸까 말까 하는 물건은 감사 인사와 함께 떠나보내기. 나도 2년 전쯤 『단순하게 살자』라는 책을 읽고 물건을 이고 지고 사는 삶에서 조금은 벗어났다. 그런데도 거실 한쪽 벽을 책으로 꽉 채운 책장은 그대로다.

엄마들이라면 새하얀 가구로 깔끔하게 정리된 간결한 인테리어의 거실을 누구나 꿈꿀 것이다. 방과 후에 아이 친구들과 엄마들이 언제든 들이닥쳐도 당황하지 않고 웃을 수 있는 잘 정돈된 거실 말이다.

하지만 나는 미안하게도 내 아이 친구 엄마들을 집으로 한 번도 초대한 적이 없다. 밖에서 잠깐 만나거나 놀이터에서 아이들과 놀 때 이야기를 나누는 정도다. 다른 이유가 있어서라기보다는 우리 집에 오면 널브러져 있는 책들에 정신이 없어 아마도 이야기를 하면서도 집중 못 하고 책에 정신이 빼앗길 게 뻔하기 때문이다. 그리고 사실 "도서관이야? 집이야?" 이런 말도 평범하게 자라는 내 아이를 두고 책만 읽혀서 안 된다고 할까 봐 염려스럽기도 했다.

나도 한때 책은 1번부터 순서대로 꽂고, 울퉁불퉁 크기가 제각각인 책은 크기대로 맞춰서 책장에 색깔별로 쫙 정리하던 시절이 있었다. 그렇게 정리된 책만 보아도 마치 정돈된 도서관처럼 뿌듯하고 기분이 좋았다. 책꽂이 한 칸에 조금의 여유 없이 책이 딱 들어맞는 쾌감은 이루 말할 수 없었다. 그렇게 매일 수시로 책을 꽂고 정리했다. 그것이 책장이 존재하는 이유라고 생각하면서 존재 이유를 저버리지 않기 위해 노력했다.

한번은 아이가 식탁 위를 두리번거리기에 무얼 찾는지 물었다. 자기가 조금 전 인형 놀이를 하기 전에 읽던 책이 없다고 한다. 나는 책을 읽다가 다른 놀이를 하기에 식탁 위에 놓여 있던 책들을 모두 다 책꽂이에 가지런히 정리해 놨음을 기억해냈다. 책장에서 찾아보라고 말해두고는 저녁 준비를 하러 부엌으로 갔다. 나중에 다시 식탁 정리를 하러 와봤더니 아이는 다시 인형 놀이를 하고 있었다. 그냥 그런가 보다 하며 저녁 식사를 차려놓고 가족과 함께 맛있게 저녁을 먹었다.

저녁을 먹으며 아이에게 "오늘은 책보다 인형 놀이가 더 재미있었어?" 하고 물었다. 그런데 예상 밖의 대답이 나왔다. 자기는 책을 읽다가 다른 놀이를 하기도 하고, 또다시 책 읽기도 하는 게 좋다고. 그런데 읽다 만 책이 항상 사라진다고 말이다. 나중에 읽던 책을 읽으려고 해도 책꽂이에서 다시 찾기가 힘들다고 했다. 그뿐만 아니라 책을 찾아도 책꽂이에서 빼려고 하니 너무 빽빽하게 책이 꽂혀 있어서 엄마 도움 없이는 빼기도 힘들다고 투덜거렸다. 그래서 그냥 귀찮아서 책을 안 읽고 놀았다고 한다.

맙소사! 그때야 내가 무슨 일을 저질렀는지 알았다. 책 읽기를 방해하는 방해꾼은 다른 무엇도 아닌 엄마인 나였다. 책을 가지런히 책장에 정리한다고 한들 우리 집이 드라마에 나오는 근사한 펜트하우스가 되는 것도 아니다. 그런데 뭘 그렇게 틈만 나면 가져다가 꽂아댔는지, 그 말을 듣는 순간에는 티도 못 내고 내 손목을 비틀어버리고 싶었다. 그날의 사건 이후로 나는 밤에 잠들기 전까지는 책을 정리하지 않는다.

문득 예전에 육아서에서 읽었던 장난감 정리에 대해 생각이 났다. 아이는 놀이를 하면서 창의력이 더욱 발달한다. 놀이하다가 갑자기 떠오르는 생각을 그림으로 그리고 싶어지기도 하고 책을 뒤져서 찾아보고 싶어지기도 한다. 그래서 한 가지 놀이가 끝났다고 바로 정리를 해버리면 안 된다.

아이들은 어른들처럼 한 시간이고 두 시간이고 가만히 앉아서 책을 읽기가 쉽지 않다. 책을 읽다가 놀기도 하고 뒹굴뒹굴하다가 책을 읽기도 한다. 커가면서 몰입도 깊어지고 조금씩 집중력도 강해지면서 앉아 있는 시간이 길어진다.

엄마들은 내 아이가 산만한 건 아닌지 걱정스럽고 좀처럼 집중을 못 한다고 생각한다. 초등학교 저학년이 집중하는 시간은 10분에서 길어야 25분 정도인 걸 보면 얼마나 짧은 시간 동안만 아이들이 집중할 수 있는지 잘 알 수 있다.

그러니 이제 아이가 놀다가 정리를 바로 하지 않는다거나 앉아서 진득하니 한 시간 책을 읽지 않는다고 나무라지 말아야겠다. 정리하는 습관은 완전히 놀이가 끝나고 한꺼번에 하도록 가르쳐주면 된다. 조금씩 집중시간이 길어지면 도서관에 가서 재미있는 책을 골라 한 시간도 거뜬히 앉아서 읽을 수 있는 날이 온다. 절대 옆집 아이와 내 아이의 집중시간을 비교하지 않았으면 좋겠다.

나는 아이가 어릴 때 집이 말끔하게 정리되지 않은 채로 퇴근한 남편을 맞이하는 것이 조금 미안했다. 다른 집 엄마들은 아이도 잘 키우면서 집 안 청소며 남편 퇴근 시간에 맞춰 근사한 저녁상까지 준비하는데 말이다.

나는 온종일 아이 뒤를 쫓아다니며 쪼그리고 앉아서 개미나 관찰하고 민들레 홀씨를 찾아내어 다 따서 불어주며 온종일 동네를 돌아다녔다. 아이 밥을 겨우 챙겨주고 책이라도 몇 권 읽어주다 보면 어느새 남편이 현관 앞에 서 있었다.

그때 나 자신은 의미 없는 시간을 보낸다고 생각했다. 하지만 그 시간이 지금에 와서는 매일매일 떠오르는 추억이 되었고 아이 가슴에도 오래도록 남아 있는 기억이 되었다.

아이가 크는 동안은 멋진 인테리어에 잘 정돈된 집은 조금 뒤로 미루어도 좋다. 아이가 생각을 크게 펼칠 수 있게 넓은 도화지를 내어주듯 거실이나 아이 방 하나쯤은 편안하게 내어주어야 한다. 자유로운 공간을 허용해주면 우리 아이는 꿈과 상상력을 마음껏 펼치고 그릴 수 있을 것이다. 아이가 그럴 수 있는 시간은 생각보다 길지 않다.

자기도 모르게 가랑비에 옷 젖듯이 아이에게 책도 습관처럼 스며들게 해주어야 한다. 의식하지 않고 자신도 모르는 사이에 책을 손에 쥐고 있을 수 있게.

잠자기 전 아이가 방으로 들어가면 나는 고도의 작전을 짠다. 아이가 좋아할 만한 책을 두세 권 정도 꺼내서 식탁 위에 올려둔다. 절대로 가지런히 놓지 않는다. 무심히 그냥 그 자리에 있었던 것처럼 툭 하니 던져둔다. 아침에 마법 같은 광경이 펼쳐지길 기대하면서 잠자리에 든다.

아침에 아이가 잠에서 덜 깬 눈으로 식탁에 멍하니 앉았다. 물 한잔 주고 간단하게 아침을 준비해주려고 슬쩍 뒤로 빠진다. 눈을 비비다가 식탁 위에 놓여 있는 책을 무심하게 넘겨본다. 마음속으로 '그렇지!' 하며 과일을 썰고 계란 프라이를 준비한다.

책을 읽을 때는 되도록 말을 걸지 않는다. 몇 분 안 되는 집중의 시간이기 때문이다. 아무 말 없이 가져다준 아침을 먹으면서 한두 장 더 읽고 등교 준비를 한다. 내가 어젯밤 펼쳐놓은 작전의 성공을 알리는 마법 같은 광경이다. 누구나 꿈꾸는 아침 풍경일 것이다.

하지만 나도 한 번에 성공한 것은 아니다. 처음엔 표지만 눈으로 슬쩍 보고 펼쳐보지도 않았고 어떤 날은 '이게 왜 여기 나와 있지?' 하는 눈으로 쳐다만 보고 말았다. 한두 번 하고 포기했거나 책을 책장에 가지런히 꽂아두고 정리만 했다면 이런 풍경은 영영 볼 수 없었을지도 모른다.

아이가 자신의 의지와 상관없이 책을 자연스럽게 습관처럼 읽게 하려면 책을 눈에 띄는 곳에 자주 펼쳐두어야 한다. 그런 작은 시간이 모여 습관이 되고 아이는 어느새 책을 아끼며 가장 가까운 친구로 두게 된다.

어린아이들에게 전면에 책표지가 보이도록 정리하는 전면 책장을 집안에 둔다. 그 이유는 알다시피 책표지를 보고 아이가 고를 수 있도록 하기 위해서다. 그만큼 아이들에게 책 읽는 흥미를 이끌려면 책의 앞면이 잘 보여야 한다. 책이 차지하는 공간이 많아지면서 벽에 책장을 두고 정리를 하게 된다. 아이가 커도 책표지가 눈앞에 보이도록 몇 권씩은 꺼내서 펼쳐두고 기다려주면 분명 책을 펴는 순간이 찾아온다. 처음부터 읽지 않아도 괜찮다. 그냥 보기만 하고 말더라도 꾸준히 노출시켜주다 보면 언젠가 한 장을 읽고 한 장이 한 권을 읽게 된다.

책장에 색깔별로 크기별로 차례차례 정리해서 아이의 상상력과 창의력을 책장 안에 가두지 말아야 한다. 자라면서 아이의 꿈을 마음껏 펼칠 수 있게 책장 안에 가두어둔 내 아이의 미래를 꺼내주자. 책이 우리 집 장식품이 되어 아이의 꿈과 함께 먼지가 쌓여가지 않도록.

생각의 그릇을 키우는 책 읽기

하이부로 무사시는 저서 『생각의 기술, 마음을 성장시키는 마술 같은 말』에서 다음과 같이 말하고 있다.

"독서는 무엇을 목표로 할지 결정할 때 중요한 정보나 지혜를 제공한다. 또 독서는 목표를 향해 나아갈 때 목표를 달성하려면 무엇이 필요한지 가르치고 힘을 준다."

내가 아이에게 책을 읽는 습관을 키워주려는 이유는 엄마가 정해주는 꿈이 아니라 자기가 읽었던 수많은 책 안에서 꿈을 키울 수 있게 해주고 싶기 때문이었다. 책을 읽으면서 얻은 지혜로 진정 자기가 좋아하는 꿈을 찾을 수 있도록 하기 위해서다. 그리고 그 꿈을 이루기 위해 무엇이 필요하고 어떤 노력이 필요한지 스스로 묻고 답할 수 있게 되기를 바랐다. 이런 것들은 모두 책을 통해 생각하는 힘이 길러져야 가능한 일들이다.

아이가 어린이집에 들어간 네 살 무렵부터 우리 가족의 저녁 시간에는 발표 시간이 생겼다. 저녁을 먹고 차와 과일을 먹으면서 그날 있었던 일과 느낌을 발표하는 것이다. 이런 생각은 기관이나 여러 사람이 있는 곳에서 말하기를 쑥스러워하는 아이 때문에 시작되었다. 집에서는 너무나 활발하고 재미있는 아이인데 낯가림이 심해서 밖에서는 소심한 성격이었다.

처음으로 우리 가족의 발표 시간이 시작된 날 저녁이었다. 역시나 첫 번째 발표자인 아이는 못 하겠다며 아빠를 대신 지목했다. 아빠는 앞으로 나가서 배꼽에 손을 얹고 인사를 했다. 자리에 앉아서 그냥 하는 것보다는 앞에 나가서 하면 아이가 많은 사람 앞에 설 때 덜 떨리고 도움이 될 것 같았다. 인사를 하자 아이와 나는 어색해하는 아빠를 보며 웃으며 힘껏 손뼉을 쳐주었다.

"저는 오늘 회사에서 힘든 일이 있었어요. 내 일도 아닌데 내가 해야 해서 화가 나고 속상했는데 좋은 마음으로 일을 했더니 오히려 기분이 덜 나빴어요. 그리고, 온종일 일이 힘들었지만, 집에 와서 제인이와 엄마를 보니까 힘들었던 모든 기억이 다 날아갔어요. 감사합니다."

아이와 나는 서로 얼굴을 쳐다보며 처음 하는 놀이가 너무 재미있어서 입을 벌리고 웃는 얼굴로 우레와 같은 박수로 답해주었다. 다음은 내 차례였다. 남편이 앞에 나가서 할 때는 앉아서 재미있게 보며 웃고 있었는데 막상 가족 앞에 서려니 너무 쑥스러웠다. 그래도 규칙을 지켜야 아이에게 본보기가 될 것 같아 앞으로 나갔다.

"저는 오늘 제인이와 밖에 나가서 개미가 집 짓고, 땅속으로 들어가는 것도 보고, 산책도 하고 너무 좋았어요. 저녁 식사 준비가 힘들었지만, 가족들이 맛있게 먹는 모습을 보니 기분이 좋았습니다. 감사합니다."

간단하게 발표하고 쑥스러움을 뒤로하고 인사를 하니 아이와 남편이 박수로 맞아주었다. 드디어 우리가 기다리던 아이의 발표 순간이 되었다. 활달한 성격에 깔깔 웃고 있던 아이라 발표가 어떨지 내심 기대가 되었다. 앞으로 '총. 총. 총.' 걸어 나가 배꼽 인사를 했다. 남편과 나는 기대에 찬 눈빛을 주고받으며 손뼉을 크게 쳐주었다.

"저는요~오. 오늘~ 재미있었습니당!"

5초 만에 끝난 아이의 발표를 듣고 '뭐지?' 하는 느낌이었지만 티 나지 않게 누구보다 크게 손뼉을 쳐줬다. 잘했다고 칭찬도 해주었지만, 마음속으로는 조금 실망한 것도 사실이다. 누구보다 활발한 아이의 성격에 책을 많이 읽는다는 아이의 발표가 고작 저 정도라니…. 그래도 첫날인 것을 위로 삼아 이해했다.

우리 가족의 발표 시간은 계속되었고 아이도 나도 점점 앞에 나가 배꼽 인사를 하고 발표하는 것이 익숙해졌다. 남편과 나도 아이 눈높이에 맞춘 발표가 아니라 하루의 일과를 발표를 통해 생각을 정리하고 마무리하는 시간이 되었다.

아이도 조금씩 발표 시간이 길어지고 엄마와 아빠가 발표하면서 쓰는 어휘를 따라 쓰기 시작했다. 그러면서 자연스럽게 사용하는 어휘도 풍부해지고 낯가림도 줄어들었다.

만약 우리가 쑥스럽다고 아이만 시켰거나, 아이의 발표 첫날에 길게 발표하라든지 방법을 강요했다면 아이는 이 시간을 즐기지 못했을 것이다.

그리고 아마도 우리의 발표도 아이 눈높이에 맞춰 쉽고 단순하게만 이어갔다면 아이가 다양한 어휘를 사용하며 발표를 할 수 없었을 것이다. 상대방이 하는 말들을 들으면서 아이는 분명 생각이 자라고 자기의 생각을 말로 표현하는 법을 배웠을 것이다.

짧은 시간의 발표로 발표 능력뿐만 아니라 폭넓게 생각하는 힘도 얻는다. 게다가 가족을 생각하는 이해심도 키울 수 있다. 상대방의 발표를 들으면서 기다리는 습관도 길러지고, 듣고 대답하는 대화의 기술도 배울 수 있다. 남편과 나도 각자의 하루가 어땠는지 듣고 좀 더 이해하고 서로 위해줄 수 있는 시간이 되어서 값진, 마법 같은 15분이었다.

우리는 성인이 되어도 대학에서 강의를 듣거나 회사에서 회의를 마치고 질문이 있는지 물으면 다들 꿀 먹은 벙어리가 된다. 초등학교, 중학교, 고등학교를 거치며 질문이 없는 주입식 교육을 받아왔기 때문이다. 입시 위주의 수업으로 암기하고 문제 풀고 정답 맞히기에 중점을 두다 보니 질문하는 시간은 아깝게 생각하게 되었다. 학교 다닐 때 책을 읽는다는 것은 꿈도 꾸지 못했다.

과거의 우리도 그랬지만 요즘 아이들은 더더욱 그렇다. 선행학습을 위해 학원을 몇 개씩 다니고 TV와 스마트폰에 노출되어 판단력이 부족하고 사고력이 저하되었다.

집에서는 가족들 각자 스마트폰을 하느라 대화할 시간이 줄어서 묻고 대답하는 말이 점점 짧아져간다. 인터넷 채팅만 봐도 확연하게 느낄 수 있다. 한 번에 하고 싶은 말을 길게 쓰는 기성세대와는 달리 아이들은 짧게 단어들만 나열하는 수준으로 대화가 아주 짧다. 점점 긴 텍스트를 읽기 싫어하는 뇌로 바뀌어간다.

아이들은 재미있는 책을 읽으면서 현실에서 벗어나 상상의 세계로 빠져들어야 한다. 책 읽기가 상상력을 자극하고 자꾸 생각할 것들을 만들어낸다. 이렇게 책 읽기로 생각하는 힘이 더욱 커지도록 인지와 사고 능력을 담당하는 전두엽을 활성화해야 한다.

우리가 책을 읽으면서 가장 재미있을 때는 사건이 일어나고 다음에 어떻게 전개될 것인지 궁금할 때다. 아이에게 책을 읽어줄 때 책 속의 다양한 등장인물을 먼저 그림으로 보면서 성격을 유추해보기도 한다. 아이는 인물들의 표정과 그림 속 포즈를 보고 말썽꾸러기인지, 모범생인지, 소심한 성격인지 생각해낸다. 그리고는 이야기를 읽어가면서 자기가 예상한 대로 인물들의 성격이 나오면 '그럼 그렇지.' 하며 좋아한다. 별것 아닌 것 같지만 아이들은 자기의 생각이 맞았다는 데 묘한 쾌감을 느낀다. 반면 예상과 다를 땐 등장인물들이 겉으로 보인 모습에 속았다며 속상해하기도 한다. '선입견'이라는 것을 가르쳐주지 않아도 스스로 책을 읽으며 알게 된다.

책의 이야기 전개가 빨라지고 사건이 발생했을 때 나는 다음 페이지를 넘기지 않고 아이와 다음에 이어질 이야기를 예상해본다. 아이도 신이 나서 '이렇게 될 것 같다.' 또는 '이렇게 되면 어떻게 해.' 하며 떨리고 궁금해서 빨리 다음 페이지를 넘겨보고 싶어 한다. 다음 이야기를 정확하게 맞추기 위해서가 아니라 책 읽기의 흥미를 돕고 아이의 생각을 끌어내려는 방법이다. 책을 읽으면서 왜 그렇게 생각했는지 본인 스스로 질문하고 생각한 후 나름의 논리로 이야기한다. 책 한 권을 읽는 것만으로도 무한히 상상하며 생각하는 시간을 가질 수 있다.

말은 생각을 부르고 생각은 또 다른 생각을 부른다. 말을 한다는 것은 자신이 가지고 있는 생각을 말로 표현하는 것이다. 책 읽기는 아이에게 지식을 키워주는 교육이기도 하지만 더 큰 목적은 생각의 그릇을 키워주는 것이다. 말을 하는 언어 능력은 사고력이 뛰어날수록 높아진다. 이 사고력, 즉 생각하는 능력이 높을수록 자기 생각을 말로 잘 표현할 수 있다.

사고력을 키우기 위해서는 어휘력과 독해력이 바탕이 되어야 한다. 결국 어휘력과 독해력은 책 읽기로 쉽게 키워줄 수 있다. 책 읽기야말로 생각의 그릇을 가장 크고 넓게 키울 수 있는 최고의 방법이다.

06

책을 읽으면
일어나는 기적

해가 지면서 거리가 주황빛으로 물들어가던 저녁 무렵이었다. 아이와 박물관에 갔다가 지친 몸으로 집으로 돌아가는 차 안이었다. 나는 눈을 반쯤 감고 조수석에 앉아 퇴근 시간에 막혀가는 도로를 바라보고 있었다. 얼른 집에 가서 쉬고 싶다는 생각뿐이던 차에 아이가 던진 한마디에 눈이 번쩍 뜨이고 귀가 공작새처럼 펼쳐졌다.

"엄마 저기! 바, 다, 약, 국."

아이가 가리키는 손가락을 쭉 따라갔다. 하얀 간판에 파란 글씨로 크고 선명하게 '바, 다, 약, 국'이라고 쓰여 있었다. 내가 두 눈이 커지도록 놀란 이유는 다섯 살이 된 지 얼마 안 된 아이에게 한글을 가르쳐준 일이 없었기 때문이다. 물론 자주 보는 자기 이름이나 아빠 엄마 이름은 알고 있었지만 말이다.

게다가 한글을 가르친다고 하면 자음과 모음, 보통 받침이 없는 글자부터 가르치게 된다. 그런데도 아이가 '약국'을 확실하게 읽어서 너무 놀랐다. 나는 혹시나 잘못 들었나 해서 다시 한 번 말해보라고 했다. 아이는 더 크고 밝게 웃으며 말했다.

"바, 다, 약, 국."

운전하던 신랑과 나는 물개박수와 함께 흥분을 감추지 못하고 계속 바다약국만 외치며 차를 타고 달려갔다. 그렇게 우리 아이가 이름을 제외하고 읽은 첫 한글이 '바다약국'이 되었다. 지금도 광화문 교보문고에 갔다가 그 길을 지나 집으로 돌아갈 때면 바다약국이 보인다. 아이에게도 우리에게도 잊을 수 없는 추억의 장소가 되었다.

태어나서부터 하루도 빠지지 않고 책을 읽어주었다. 옆집에 프레○ 선생님이 교구 수업을 다녀가고 옆 동 아이 집에는 학습지 선생님이 다녀가도 오로지 책만 읽혔다.

매일 읽어주다 보니 어느 순간에는 책 제목을 이야기하면 책장에서 뽑아왔다. 모르는 글자가 많은데도 말이다. 그냥 그림처럼 외웠다고 생각했다. 책을 읽어주다 보면 아이는 눈으로 엄마가 읽어주는 글을 따라간다. 그러고는 귀신같이 끝나는 말을 알아차리고 책장을 넘긴다. 그렇게 글자가 눈에 들어오기 시작한다.

사실 바다약국 사건 이전에도 아이가 네 살 때쯤 그림책을 넘기면서 대충 읽기도 했다. 그런데 그건 하도 읽어서 그냥 책을 통으로 외워서 읽었다고 볼수 있다. 그러다가 책이 아닌 전혀 낯선 곳에서 새로운 글자를 읽어서 놀랐다.

책을 읽으면서 일어나는 놀라운 일 중 하나는 한글을 자연스럽게 익히게 된다는 것이다. 바다약국을 시작으로 아이는 한 글자 한 글자 읽기 시작했고 폭발적으로 책 읽기 능력이 늘었다.

읽기에 재미를 붙인 아이는 더 많은 책을 혼자 읽기 시작했다. 대부분 일곱 살 무렵 초등학교 입학 준비로 한글 학습지를 시킬 때 나는 감사하게도 조바심에 아이를 재촉할 일이 없었다.

한글을 가르치는 엄마들의 스트레스도 만만치 않다. 처음에는 이른 나이에 가르치려고 하다가 힘들어서 포기하거나 오랜 기간에 걸쳐 한글을 가르친다.

입학을 앞둔 일곱 살이 되어서도 한글을 익히지 못한 아이의 엄마들은 부랴부랴 학습지 선생님을 찾아 의지하게 된다. 초등학교 입학 시기가 가까워 질 때는 만나는 엄마마다 아이가 한글을 뗐는지, 못 뗐는지가 대화의 첫마디가 된다. 어릴 때부터 책을 읽어주면 이 한글 떼기 전쟁에 나서지도 않고 승리의 깃발을 들 수 있다.

며칠 전 아이가 학교에서 나눠준 유니세프 기금 마련을 위한 아프리카 친구에게 편지 쓰기 안내 책자를 가지고 왔다. 안내되어 있는 QR코드를 찍으면 도움을 받을 아프리카 친구가 소개되고 힘들게 살아가는 모습을 보게 된다. 아이와 나는 영상을 보면서 눈물이 핑 돌 정도로 안타깝고 감사함을 다시 한 번 느낀다.

아이는 정성스럽게 편지를 쓰고 기금 모음 봉투에 그동안 쓰지 않고 아끼며 모아둔 용돈을 다 넣었다. 문구점 갈 때마다 천 원짜리 하나도 고민하고 쓰던 아이가 만 원이 훌쩍 넘는 돈을, 그것도 하나도 남김없이 다 넣는 걸 보고 놀랐다. 다 넣어도 괜찮겠냐고 물었더니 이 정도면 친구가 한 달 정도 먹을 수 있다며 더 모아두지 않고 용돈을 쓴 걸 후회했다.

그런데 아이가 말하길 안내 책자 받으면서 귀찮아서 안 쓰겠다고 하는 친구들이 많았다고 했다. 그리고 예전 유치원에서 친구들과 이 동영상을 같이 볼 때도 아프리카 친구들의 다른 모습을 보고 웃는 친구도 있었다고 했다. 어떻게 이런 일이 있을 수 있을까? 이해심과 공감 능력이 전혀 없기 때문이다.

책 읽기의 장점을 논할 때 보통 사고력이 깊어지고 어휘력과 글쓰기가 향상된다는, 학습에 미치는 영향에만 많은 초점을 두고 있다. 하지만 진정한 책 읽기의 힘은 공감 능력이 뛰어나지고 이해심이 넓어지는 정서에 미치는 영향에 있다.

책을 읽으면서 책 속에 등장하는 다양한 주인공들과 대화를 하고 주인공이 처한 상황을 이해하기도 한다. 그러면서 힘든 상황을 공감하고 위로해주기도 하며 때로는 거꾸로 위로받기도 한다. 곁에서 함께하는 영원한 친구를 얻게 된다.

매년 학기 초가 되면 학교는 아이들이 방과 후 활동을 신청하도록 안내를 한다. 아이가 1학년 때 처음 방과 후 활동을 독서 토론 논술 수업을 하고 싶다고 해서 신청해주었다.

몇 주 지나서 참관 수업이 있다고 해서 학교 방과 후 수업에 참관했다. 한 시간이 넘게 글을 읽고 주인공의 마음을 서로 이야기하며 글을 쓰는 수업이 진행되었다. 어른인 나도 긴 시간 글을 읽고 토론하며 글을 쓰는 수업이 힘들게 느껴졌다.

집에 돌아와 아이에게 방과 후 수업이 재미있었는지 물어보았다. 그런데 내 생각과는 달리 아이는 너무 재미있고 좋다고 한다. 심지어 6학년까지 방과 후 수업은 독서 토론 논술만 하고 싶다고 했다.

같이 수업 듣는 친구 중에는 엄마가 시켜서 듣는 친구들도 있는데 그 친구들은 흥미를 못 느끼는 것 같다고 했다.

독서 토론 논술 수업을 즐기며 들을 수 있는 것은 책 읽기가 지겹고 힘든 일이 아니라 즐겁고 재미있다고 느끼기 때문이다. 책을 읽고 자기의 생각을 말하고 다른 사람의 의견을 들으며 글을 쓰는 것을 즐긴다. 그러면서 생각도 자라고 마음도 커간다.

3학년이 되어서 다시 독서 토론 논술 수업을 신청하고 첫 수업을 들었다. 학교 다녀와서 아이가 1학년 때 같이 듣던 친구들이 대부분이라고 한다. 부모님의 권유로 수업에 참여했던 친구들은 역시나 3학년 수업에서는 볼 수 없었다. 점점 커갈수록 아이에게 강요하고 억지로 할 수 있는 일들이 적어진다. 공부든 책 읽기든 마찬가지다.

책을 읽고 하는 독후 활동 중에 최고는 글쓰기다. 그러나 절대로 독서록 쓰기를 강요해서는 안 된다. 그러면 책 읽기마저 싫어하게 만든다. 우리 아이도 책을 읽는 건 좋아해도 읽은 책을 모두 독서록에 기록하는 건 좋아하지 않는다. 이유를 물어보니 독서록에 기록할 만큼 느낀 점이 많은 책도 있지만, 그냥 가볍게 재미있게 읽은 책은 별로 기록할 말이 없다고 한다.

책을 읽는 아이는 확실히 글쓰기를 좋아하는 것 같다. 사촌 언니들이나 친구들에게 편지 쓰기를 좋아하고 학교 과제 중에 글로 표현해야 하는 것도 힘들어하지 않는다.

학기 초 선생님과 상담하다 보면 대부분 딸아이의 글쓰기 표현에 대해 많이 이야기를 하신다. 어휘력이 풍부하고 문장을 함축적으로 간결하게 잘 표현한다고 칭찬해주신다. 생각과 마음을 글로 정리해서 잘 표현할 수 있다면 앞으로 배우는 과정에서도 스스로 깨닫고 핵심을 잘 요약하며 정리해나갈 수 있을 것이다.

오프라 윈프리는 이렇게 말했다.

"나는 책을 통해 인생에 가능성이 있다는 것과 세상에 나처럼 사는 사람이 또 있다는 것을 알았다. 독서는 내게 희망을 주었다."

책을 읽으면 일어나는 기적들은 무수히 많다. 앞에 이야기한 한글 익히기나 공감 능력의 향상으로 갖게 되는 이해심이나 글쓰기 능력은 아주 작은 효과에 불과하다. 아이가 인생의 가능성을 스스로 찾아내고 서로 이해하며 살아갈 수 있도록 희망을 가져다주는 책과 오랫동안 친구가 되었으면 좋겠다.

07

학원 가느라
책 읽을 시간이 없다

아이와 도서관에서 책을 읽고 저녁 6시가 다 되어서 집으로 가는 중이었다. 아파트 정문 앞을 지나쳐 가려는데 노란 학원 차들이 줄을 지어 서 있었다. 차에서 내리는 아이들의 손에는 학교 가방과 신발주머니까지 아침 등교할 때 모습 그대로였다. 학원을 몇 개씩 돌고, 그때야 집으로 돌아가는 것이다. 아침 8시 반에 처음 집을 나서서 저녁 6시가 다 되어서야 집으로 돌아가는 요즘 아이들의 모습이다.

그 시간에 집으로 가면 저녁을 먹고 씻을 시간이다. 그러면 분명 대부분 엄마는 학원 다니느라 스트레스가 쌓이고 힘들다고 투정하는 아이들에게 스마트폰 게임으로 보상을 해줄 것이다. 그러고 나면 학교와 학원 숙제를 해야 할 시간이 된다. 시간은 이제 밤 10시가 다 되어간다. 그렇게 우리 아이들에 겐 하루 중 책을 읽을 시간이 사라진다.

사실 많은 엄마가 책을 읽혀야 좋다는 것을 잘 알고 있어서 아이가 네다섯 살 때까지는 책을 잘 읽어준다. 그때까지 아이들은 엄마가 그림책을 읽어주는 시간을 아주 좋아한다. 엄마들도 책을 좋아하는 아이를 뿌듯한 마음으로 바라본다. 한글을 떼고 스스로 책을 읽는 재미에 빠진 아이는 점점 더 책을 가까이하게 된다.

그렇게 쭉 책을 좋아할 것 같았던 아이들도 책 읽기를 싫어하게 되는 때가 오는데 보통 일곱 살 전후가 그렇다. 아이가 일곱 살이 되면 엄마들은 조급해 지기 시작한다. 1년 후면 초등학교에 입학하는데 아이에게 시켜야 할 것들이 많아지기 때문이다. 학습지로 한글을 공부시키고 피아노, 태권도는 기본으로 다닌다. 한자 공부도 시키고 수학과 영어도 시작한다. 유치원이 끝나고 예체능 학원 한두 개를 갔다 오면 역시 저녁이 된다. 책을 읽을 시간이 점점 부족해져가는 그때가 책과 멀어져가는 시기다.

우리 아이도 유치원에 들어가기 전까지 책을 무척 좋아하고 넘치는 시간 덕분에 많은 책을 읽었다. 그러다 유치원에 들어가서 친구들이 한 명 두 명 학원에 다니는 걸 보니 자기도 발레를 배우고 싶다고 했다. 운동으로도 괜찮

58

고 예체능 하나쯤 다니는 것은 나쁘지 않다는 생각이 들어 발레 학원에 보냈다. 유치원이 끝나는 시간에 학원 차가 아이를 픽업해서 학원으로 갔다가 수업이 끝나고 돌아오니 저녁 5시 반쯤 되었다.

학원에서 여러 아이를 집마다 내려주고 오다 보니 시간이 늦어졌다. 배고프다고 하는 아이를 우유 한잔으로 허기를 달래주고 급하게 저녁 준비를 했다. 대충 저녁을 하고 아이를 돌아보면 지쳐서 거실 한 귀퉁이에 쪼그리고 잠들어 있었다. 그렇게 저녁을 먹지도 못하고 잠든 게 한두 번이 아니었다. 당연히 그날 하루 동안 책을 읽을 시간은 없었다.

그렇게 두 달 정도 다니던 발레 학원을 그만두었다. 아침에 유치원 가서 저녁 늦게 집에 돌아와 쓰러져 잠이 드니 책 한 권 읽을 시간도 없었기 때문이었다. 매일 밤 자기 전 서너 권씩 읽던 책을 한 권도 읽지 못하는 날이 많아지니 과감하게 학원을 포기했다. 아이들이 예체능과 교습 학원에 다니게 되는 시기부터 책을 읽을 시간이 사라진다. 학원이 내 아이 책 읽을 시간을 삼켜버린 것이다.

엄마들은 어릴 때 책을 잘 읽어주다가 결국 공부를 해야 하는 시기가 되면 독서보다 공부를 우선순위에 둔다. 아마도 어릴 때 책을 읽어 준 것도 커서 공부를 잘하게 될 것이라는 믿음 때문일지도 모른다.

아이가 학원에 다니기 시작하면 처음엔 성적 상승으로 바로 눈에 보이는 결과를 보여준다. 책을 잘 읽어서 학원에 다니니까 이해력이 좋다고 생각이

들 수도 있다.

그러나 점점 학년이 올라갈수록 성적은 부모들의 기대에 부응하지 못하고 아이는 아이대로 억지로 떠밀려 학원에 앉아 있게 된다. 학원과 학교 숙제에 치여서 피곤한 아이들이 게임으로 스트레스를 풀다 보니 책은 점점 더 재미있을 리가 없다.

책은 시간이 넉넉하게 확보되어야 즐기며 읽을 수 있는데 학원으로 옮겨간 아이들은 예전처럼 그렇게 여유롭게 책을 읽는 행복을 갖기 어렵다.

딸아이가 초등학교에 입학했다. 아이와 손을 잡고 걸어가는 아침 등굣길까지도 설렜다. 어린이집과 유치원은 집 앞까지 떡하니 차가 와서 아이를 픽업해주니 걸어서 등원할 일이 없었다. 초등학교는 대부분 도보로 등교하니 등교 시간 교문 앞에는 1학년 아이들이 엄마나 할머니 손을 잡고 하나둘씩 걸어오는 모습이 보인다. 긴장하면서도 설레는 등굣길 표정은 엄마들 얼굴에서도 볼 수 있다.

학교 수업이 끝나는 시간 교문 앞은 아이를 기다리는 1학년 엄마들로 가득 찬다. 행여나 내 아이를 못 보고 놓칠까 조마조마하며 두 눈을 크게 뜨고 걸어 나오는 아이들을 일일이 확인한다. 그렇게 한 달 정도 지나고 나면 교문 앞 풍경도 익숙해진다.

한 달이 지나고 두 달째쯤 하교 시간에 맞춰 교문 앞으로 갔을 때였다. 그

많던 엄마들이 반 이상 줄어들어 아이를 기다리는 엄마들이 별로 없다.

'내가 시간을 잘못 알고 있나?' 하는 생각이 들었다.

그런데 10분 정도 지나 노란 학원 차에서 선생님들이 한두 명 내리더니 아이들 이름이 적힌 종이를 들고 교문 앞으로 왔다. 아이들이 나오는 대로 이름을 확인하며 줄을 맞춰 세우고 여기저기 학원 차에 태우기 시작했다.

1학년이 되자 불안한 엄마들은 한 달 정도 아이들이 학교 적응 기간을 마치자마자 학원을 보내기 시작한 것이다.

공부 외에 또 다른 이유로는 유치원을 마치는 시간이 보통 4시였는데 초등학교에 들어가자 1시면 끝나니 엄마의 여유 시간이 줄어들었기 때문이기도 하다. 이때가 우리 아이들이 본격적으로 학원에 발을 들이게 되는 시기이다. 즉 책과 더 멀어지는 시기이기도 한 셈이다.

딸아이도 1학년에 들어가고 두세 달 있으니 친구들이 피아노 학원에 다닌다고 자기도 피아노를 배우고 싶다고 했다. 다른 학원에 다니는 곳이 없으니 피아노 하나 정도는 다녀도 괜찮겠다고 생각했다.

학교가 끝나고 아이를 학교 앞 피아노 학원에 데려다주고 끝날 시간에 데리러 갔다. 아이는 입학하고 처음으로 학원에 가니 친구들도 있고 배우고 싶던 피아노도 치니 너무 좋아했다.

그런데 학원 다니느라 피곤해하면 내가 왠지 아이 기분을 자꾸 맞추게 되는 것 같아 불편했다. 집에 돌아와서 책을 안 읽고 늘어져 있으면 흘러가는 시계만 자꾸 보며 말은 못 하고 속으로 끙끙 앓았다.

어느 날 아이가 말하기를 학교 끝나고 학원 가는 시간에 아이가 많이 몰리다 보니 학원이 조금 복잡하다고 했다. 나는 이때다 싶어 하교하고 학교 도서관에서 한 시간 정도 엄마와 책을 읽다가 천천히 학원에 가면 좋겠다고 제안했다. 그렇게 우리의 학교 도서관 데이트가 시작되었다.

아이가 매일 학교 끝나고 도서관에서 한 시간 엄마와 함께 책을 읽다 보니 계속해서 읽고 싶은 책이 생겨났다. 다 못 읽은 책은 대출해서 집으로 가져가게 되고 학원 끝나 집으로 가서도 읽다 만 책의 뒷이야기가 궁금해서 읽게 되었다.

학원에 다녔지만, 시간을 많이 뺏길 정도로 학원을 두세 개씩 다니지 않았기에 책을 읽을 시간이 있었다. 그리고 책과 멀어지지 않게 중간에 비는 시간을 활용해 엄마와 함께 책을 읽은 것이 아이가 책을 놓지 않게 된 이유다.

한 권의 책이라도 매일 곁에 두고 읽을 수 있도록 시간을 만들어주는 것은 엄마가 해야 한다. 그래야 책을 읽는 것에 익숙해지고 즐거운 습관으로 자리 잡는다.

솔직히 말하면 어른들이 아이들의 독서 시간을 빼앗고 있는 것이나 다름없다. 2009년부터 10년 사이 우리나라 성인의 독서율을 비교해보면 약 20% 정도 감소했다. 어른들도 책을 잘 읽지 않는다는 것이다. 그렇지만 독서의 필요성은 누구나 잘 알고 있다. 그래서인지 아이들에게는 자신과는 달리 책을 읽게 하려고 대부분 전집 한 질 정도는 어릴 적부터 사준다.

그런데도 선진국 아이들과 비교하면 우리나라 아이들이 책을 많이 읽지 못한다. 부모들이 독서의 필요성도 잘 알고 형편이 어렵더라도 책만큼은 사주는데도 왜 책을 많이 읽지 못하는 걸까?

학생들의 주된 독서 장애 요인은 학원 때문에 시간이 없기 때문이다. 많은 시간과 돈을 투자해서 학원을 보내도 결과는 기대에 못 미친다. 학원에 다니느라 지친 아이들이 점점 책과 멀어지고 책의 재미를 잃지 않도록 조금이나마 독서 시간을 꼭 만들어줘야 한다.

2장

평생
독서 습관은
초등이 적기다

평생 독서 습관은
초등이 적기다

새해가 되면 사람들은 새로운 계획을 세우고 다짐을 한다. 부자가 되고 싶은 소망들도 있지만 나쁜 습관을 버리고 좋은 습관을 몸에 익히기 위한 다짐들이 주를 이룬다. 건강한 몸을 위해 운동하기, 매력적이고 날씬한 몸을 위한 다이어트, 금연, 1년에 백 권 책 읽기, 매일 영어 공부하기 등등 습관을 들이기 위해 계획한다. 유독 새해가 되면 출판사마다 독자들을 위한 자기계발서들을 앞다투어 발간한다. 그런 책들은 당당히 베스트셀러 순위에 올라 더더욱 사람들의 이목을 끈다.

이런 현상만 보아도 사람들이 얼마나 자신의 습관을 바꾸고 싶어 하는지 알 수 있다. 새벽 기상, 아침 달리기, 새벽에 명상하기, 새벽 독서 등등 아침에 일어나는 습관부터 바꾸기 위해 애를 쓴다. 물론 나도 이 모든 습관 바꾸기를 시도해보았다. 매해 기필코 이번은 성공하겠다고 다짐하면서 말이다. 포기하지 않고 하는 법을 알려주는 책까지 읽어가며 실천했다.

인간의 뇌는 새로운 변화를 싫어하고 거부한다. 만약 책을 안 읽던 아이에게 책을 읽게 한다면 처음 3일은 아이가 극도로 싫어할 가능성이 크다. 뇌에서 새로운 것을 거부하는 최고의 기간이 3일이기 때문이다. 그래서 '작심삼일'이라는 말이 나온 것이다.

그 시간을 넘겨 어찌어찌 책 읽는 습관을 이어간다 해도 일주일에 한 번씩 고비가 찾아올 것이다. 그마저도 잘 이겨내서 포기의 유혹을 참고 21일간 습관을 유지하면 우리 뇌는 습관을 받아들이고 적응한다.

그 21일이라는 습관 정착 시간이 지금까지 나를 습관 들이기에 실패로 이끈 기간이었다. 21일이면 분명 습관이 정립되는 기간이라고 했는데 몸에 자리 잡히지 않았다.

21일은 일단 뇌가 변화를 거부하지 않고 익숙하게 여기게 된 기간일 뿐이다. 몸과 완전히 일체가 되어 습관이 정착하기까지는 66일이 필요하다는 새로운 연구 결과가 나왔다. 내가 매번 21일에 습관이 정착되었다고 여기고 그 21일에 긴장을 풀어서 매번 실패한 것이었다. 이제 나는 21일도 첫날인 것처럼 실행해서 새벽 습관을 이어가고 있다. 뇌를 설득한 셈이다.

　새로운 행동을 처음 한 번 하면 뇌에 특정 자극을 주게 된다. 그러면 뇌는 그 행동을 단기기억으로 저장하게 된다. 그리고 이 활동을 반복할수록 DNA 가 자극되어 시냅스 연결이 치밀해지면서 장기기억 장치로 넘어간다. 이후부터는 몸이 저절로 그 행동을 습관처럼 쉽게 하게 되는 것이다. 그래서 습관을 만든다는 것은 꾸준한 반복이 중요한 것이다. 새벽 기상이 처음엔 힘이 들다가 장기기억 장치로 넘어가는 기간까지 꾸준히 반복하면 일정한 시간에 그냥 저절로 눈이 떠지는 것처럼 말이다.

　아이를 정말 잘 키우고 싶다는 생각은 모든 엄마의 마음이다. 육아서에는 훌륭한 아이로 키우는 양육법들이 많이 적혀 있다. 그런데 많은 엄마로부터 우리 아이는 책처럼 안 된다는 말을 너무 많이 들었다. 물론 아이의 기질이 조금씩 다르기도 해서 꼭 책처럼 키울 수는 없다. 하지만 나는 짧은 기간 시도해보고 안 된다고 포기하는 엄마들을 가까이서 많이 봐왔다.

　포기할 수밖에 없는 진짜 이유는 무엇일까? 아마도 결과가 빠르게 나타나지 않기 때문인 것 같다. 처음 책을 읽는 아이가 몇 주 만에 자리에 앉아서 책 읽고 있는 모습을 볼 수는 없다. 한 달 만에 수학 실력이 쑥 오르지도 않는다. 며칠 만에 알파벳을 읽고 영어책을 읽지도 않는다.

　엄마들이 포기하는 커다란 이유 중 하나는 습관을 오래도록 유지하지 못하는 데에 있다. 그리고 빠른 효과를 기대하기 때문이다. 수영만 해도 수영학원을 몇 개월을 다녀야 아이가 앞으로 헤엄쳐 나간다. 선생님이 며칠, 몇 주일 만에 가르치는 것을 포기하지 않았기 때문이다. 매일 하는 발차기 연습의 반복된 결과이다.

분명히 책 읽기도 습관을 들일 수 있다. 멀리 보고 천천히 조금씩 반복해서 습관을 들여주면 된다. 하루에 많은 양을 오랫동안 하는 것보다는 매일 조금씩 꾸준히 하는 것이 습관 형성에 도움이 된다. 매일 10분씩 책을 펴는 것부터 시작해도 좋다. 그림만 보고 책표지를 닫더라도 포기하지 말고 매일 즐겁게 하면 된다. 어차피 책 읽기가 힘들었던 아이니까 한 번에 기대하지 말고 믿고 꾸준히 10분씩이라도 매일 책을 펴는 습관부터 들여보면 좋겠다.

김종순 저자는 『하브루타 독서의 기적』에서 다음과 같이 말한다.

"지속해서 사용하는 뇌는 강화되지만 사용하지 않는 뇌는 가지치기 과정을 거쳐 소멸한다. 나무를 건강하고 아름답게 키우기 위해서 가지치기를 하는 것처럼 우리 뇌도 자주 사용하는 부위를 강화해 능력을 최대치로 키워가는 것이다."

초등학교 때 독서 습관을 만들지 않으면 책 읽기에 반응하는 뇌세포는 점점 소멸하고 시냅스가 끊어진다.

대부분 중학교에 입학할 즈음이면 사춘기를 겪는다. 요즘은 조금 더 빨라져서 초등학교 고학년에 사춘기를 겪는다고 한다. 자기주장이 확실해지고 부모의 말에 무조건 반기를 드는 시기이다. 이때 책을 읽으라고 권하려면 좀 더 감정적으로 힘들 것이다. 그래서 무조건 늦어도 초등학교 졸업 때까지 독서 습관을 키워주는 것이 좋다.

중학교에 들어가면 수업시간이 길어지고 학습량도 많아진다. 책 읽을 시간이 더욱 줄어든다. 초등학교 때 독서 습관이 되어 있는 아이라면 중학교에 가서도 틈나는 대로 책을 읽는다. 오히려 공부에 집중하고 나서 머리를 식히기 위해 책을 읽으면서 쉬는 놀라운 모습을 보게 된다.

습관은 가랑비에 옷 젖듯이 나도 모르는 사이에 자리 잡는다. 나는 아이가 어렸을 때부터 잠자기 전 책을 읽어주는 습관이 있었다. 책을 많이 읽어주기 위해서이기도 했지만 예민해서 쉽게 잠들지 않는 아이를 위해 매일의 루틴을 만들어준 것이다. 매일 책을 읽어주고 "잘 자요. 좋은 꿈 꿔. 사랑해요."라고 말하고 불을 끄면서 자는 시간이 되었다는 것을 알려준 것이다. 이 습관을 몇 년에 걸쳐서 하다 보니 책을 안 읽으면 잠을 안 자게 되어버렸다.

매일매일의 습관은 아이 뇌에 장기적 기억으로 남아 그냥 숨 쉬듯 반복적으로 하게 된다. 나는 이 자기 전 습관에 한 가지를 더했다. 아침에 일어나면 책을 잠깐이라도 읽게 하려고 식탁에 책을 두기 시작했다. 이제 그것 또한 습관이 되어서 간단하게 아침을 먹을 때도 책이 있어야 먹는다.

습관이 무섭다고들 얘기한다. 나쁜 습관은 더 빨리 뇌가 받아들인다. 변화를 싫어하는 인간의 뇌는 좋은 습관을 받아들이는 걸 더 힘들어한다. 자꾸 핑계를 찾아서 하지 않게 만들고 못 하는 것에 대한 합리적 이유를 말하게 한다.

아이에게 좋은 습관을 만들어주려면 뇌를 잘 속이면 된다. 그냥 매일매일 아주 잠깐이지만 같은 행동을 반복하는 것이다. 한 권을 처음부터 끝까지 한 번에 읽는 습관을 들이려 하지 말자. 그렇게 하면 3일이면 누구나 지쳐서 나가떨어진다. 그냥 재미있는 책을 한 권 펼쳐서 그림만 보는 것부터 시작해서 한 장 읽기부터 시작하면 된다.

시간이 없다고 핑계 대기엔 너무나도 짧은 시간이다. 딱 10분 책을 펼치기만 해도 아이가 나중에는 혼자 책을 펴고 30분을 읽는 날이 분명 온다.

지혜로운 부모가 아이에게 남겨줄 수 있는 최고의 유산은 독서 습관이다. 어떤 습관이든 몸에 익숙해지고 편안한 행동이 되기까지는 무척 힘들다. 하지만 부모가 독서 습관을 들이기까지 조금만 곁에서 함께해준다면 아이는 분명 평생 책과 함께할 수 있다.

나이가 들어서 좋은 습관 하나를 들이기는 더욱 힘이 든다. 오랜 시간을 나쁜 습관으로 지내왔기 때문이다. 하지만 우리 아이는 아직 나쁜 습관을 들인 시간이 짧다. 그래서 더 나쁜 습관이 굳어지기 전인 초등학생일 때에 독서 습관을 들여줘야 한다. 점점 클수록 부모가 아무리 좋은 습관을 들여주고 싶어도 의지만큼 쉽지 않기 때문이다.

독서 습관을 들인 아이는 커서 분명히 부모님께서 귀한 독서 습관을 자신에게 남겨주신 것에 대해 감사히 생각할 것이다.

권장 도서 말고
아이가 좋아하는 책을 사라

"제멋대로 골랐다는 불평을 하지 말고 먼저 소설을 집어 들어야 하는 유일한 이유는 그것이 재밌을 것이기 때문이다."

이 말은 미국의 소설가이자 비평가인 헨리 제임스가 한 말이다. 내가 이 말을 마음에 깊이 새겼었던 날이 떠오른다.

아이 수업이 있어서 매주 수요일이면 광화문으로 간다. 그날도 수요일이라 아이와 함께 광화문으로 갔다. 아이 수업이 끝날 때까지 카페에 앉아 책을 읽거나 글을 쓰며 기다렸다.

주변 테이블에는 나처럼 아이를 기다리는 엄마들이 많이 있었다. 대부분 지인과 카톡을 하거나 유튜브 영상을 보며 기다린다. 책을 읽지 않는다고 무시하는 말이 아니다. 나도 불과 2년 전만 해도 육아서 외엔 거의 책을 읽지 않았다. 성인들도 한번 스마트폰을 들면 내려놓기가 쉽지 않다. 그러니 아이들은 더더욱 스마트폰을 내려놓기 힘들다.

최대한 가장 늦게 노출하는 편이 낫다고 생각이 든다. 나도 마찬가지로 스마트폰의 유혹을 외면하기 힘들 것 같아서 단체방은 무음으로 해두고 급한 일 외엔 화장실 가거나 짬이 날 때 답을 보내기도 한다.

수업이 끝나고 집으로 가기 전에 아이와 꼭 들르는 곳이 있다. 광화문 교보문고와 영풍문고다. 두 곳을 그날의 기분에 따라 번갈아가며 들른다. 매주 습관처럼 가다 보니 아이도 서점 가는 길이 자연스럽다.

영풍문고 지하에 있는 아동도서 코너로 가면 앉아서 책을 읽을 수 있는 곳이 있다. 자기 집에 온 것처럼 철퍼덕 앉아 책을 몇 권 읽기 시작하더니 책 한 권을 골라서 들고 왔다. 꼭 사고 싶은 책이라고 한다.

집에는 천 권 가까운 책이 있고 일주일에 서너 번은 도서관을 가서 책을 읽고 대출도 한다. 읽을 책이 차고 넘친다. 아이가 사달라고 가져온 책의 표지와 제목을 슬쩍 보니 그다지 유명하지도 않고 외국의 아동문학상을 수상한 책도 아니었다. 나는 집에도 책이 많고 도서관에서 대출해둔 책도 아직 남았다고 핑계를 대며 아이가 구매를 포기하기만을 바랐다.

나는 "책을 꼭 사고 싶다면 이 책은 어때?" 하며 책 한 권을 골라 아이 앞에 내밀었다. 위인들의 습관을 쉽게 풀어서 써낸 책이었다. 아이는 고집을 꺾지 않았고 결국 그 책을 사주고 집으로 돌아오는 전철을 탔다.

전철에 앉아서도 아이는 책을 보고 또 봤다. 마치 어릴 적 '보물섬'이란 잡지를 들고 신이 났던 나의 모습과 겹쳐 보였다. 돌아오는 전철 안에서 아이는 조금 전에 산 책을 다 읽어버렸다. 그런데도 집에 와서도 또 펼쳐서 재미있는 부분을 읽고 또 읽었다.

내가 골라준 위인전이나 아이가 내키지 않는 권장 도서를 사줬더라면 이렇게 읽고 또 읽었을까? 책은 아이에게 무조건 재미있어야 한다. 그날 이후로 나는 서점에서 아이가 직접 고른 책은 무조건 사주게 되었다. 어떤 책이든 몇 권이든 상관없이.

집에 있는 수많은 책 중에는 아이 나이에 꼭 읽어야 한다는 전집이 있다. 물론 내가 검색에 검색을 거듭하고 고르고 골라낸 전집이다. 그뿐인가, 최저가 구매를 위해 눈이 빠지게 밤새 뒤진 사이트에서 쾌재를 부르며 구매한 전집들이다. 그런데 아쉽게도 그 책은 아이의 사랑을 받지 못한 채로 책장에 예쁘게 장식으로 꽂혀 있다.

그에 반해서 아이가 세 살 때쯤 구매해서 잠자기 전 읽어주던 『리틀차일드

애플』 전집은 정말이지 외울 정도로 읽고 또 읽었다. 60권이나 되는 그 전집 중에서도 『이제 곧 설날이에요』와 『맛있는 숨바꼭질』은 읽어달라고 몇 번을 들고 와서 정말 입에서 단내가 나도록 읽어줬다. 초등학교 3학년이 된 지금도 그 책은 그림만 보고도 너무나 행복해하는 책이다. 아이가 좋아해서 고른 책이기 때문이다.

아이가 책 자체를 좋아하지 않는다고 하는 엄마들도 있다. 그건 아이가 책을 싫어한다기보다는 정말 재미있고 흥미 있는 책을 아직 못 만나서일 수도 있다.

아이가 평소 관심 있고 좋아하는 것과 연관된 책 중에서 쉽고 편하게 읽을 만한 책을 고르면 실패 확률이 낮다. 그중에서도 얇고 글밥이 적은 책을 아이와 함께 골라야 한다.

그리고 처음에는 엄마가 한두 페이지 정도 읽어준다. 이야기가 전개되고 막 절정에 올라서 다음 페이지가 궁금해질 즈음에 아이에게 읽으라고 해보면 아이들은 스스로 읽을 확률이 높다. 재미있는 이야기는 어른이나 아이나 좋아하기 때문이다.

집 근처에 자주 가는 시립도서관이 있다. 도서관과 가까운 곳에 산다는 건 정말 역세권보다 더 가치가 있다고 생각한다. 방과 후에 집으로 가는 길에는 웬만하면 도서관에 들러 한두 시간 책을 읽다가 집으로 간다. 아이는 자신만의 서재에서 책을 고르듯 여기저기 돌아다니며 마음에 드는 책을 쏙쏙 뽑아서 읽는다. 어떤 책은 대출해서 갈 책, 어떤 책은 도서관에서 읽고 갈 책으로 구분해가며 고른다.

그런데 가만히 앉아서 책을 읽다 보면 엄마 혼자 커다란 카트를 끌고 와서 책을 고르는 모습을 종종 볼 수 있다. 손에는 프린트한 A4용지 한 장을 들고서 말이다. 학년별 권장 도서가 빼곡히 적혀 있는 종이를 들고 책을 카트 가득히 대출해간다. 과연 아이가 정말 좋아하고 읽고 싶은 책일까?

학기 초가 되면 학교에서 권장 도서를 알림장을 통해 알려준다. 나도 아이와 함께 권장 도서를 빌리러 간 적이 있다. 열심히 도서관 청구기호를 보며 찾아낸 책을 아이에게 건네면 표지 한 번 보고 휙 하니 대충 훑어보고는 고개를 흔든다. 별로 읽고 싶지 않다고 한다.

아이들도 어른이랑 똑같다. 어른도 서점에서 제목 보고 표지 보고 목차 한 번 훑어보면 읽고 싶은 책이 따로 있듯이 말이다. 권장 도서는 말 그대로 권장하는 도서일 뿐이다.

엄마는 아이의 독서 수준을 알아야 한다. 아이가 흥미 있을 만한 책을 권해주고 그중에서 아이 스스로 읽고 싶은 책을 골라야 한다. 아이에게 맞는 재미있는 책을 권해주기 위해서라도 엄마가 아이의 독서 수준을 알아야 하는 이유다.

학년별 권장 도서는 내 아이의 독서 수준과 다를 수 있다. 그런데 무작정

학년별 권장 도서를 아이에게 권하면 아이의 읽기 수준에 맞지 않아서 재미있게 읽을 수가 없다. 아이 학년에 맞는 권장 도서에 나온 글밥이 많고 그림이 적은 책을 권하면 아이가 읽지 않을 수도 있다. 그러면 엄마들은 그냥 내 아이가 책을 좋아하지 않는다고 생각해서 책 읽기를 바로 포기해버린다.

학년별 권장 도서와 상관없이 아이 독서 수준에 맞추어 책을 고르고 읽혀야 한다. 독서 수준이 아직 3학년 수준이 안 되었다면 낮은 단계의 글밥이 적고 그림이 많은 책을 먼저 읽혀야 한다. 그렇게 쉬운 책을 많이 읽다 보면 책에 흥미도 생기고 독서 수준은 자연스럽게 올라간다.

아이가 아주 어렸을 적엔 내가 적당한 그림책을 골라 전집으로 들이든지 온라인 서점을 통해 단행본을 구매해서 읽어줬다. 다섯 살 이전까지는 엄마가 주로 책을 읽어주어야 하니까 엄마가 책을 골라서 사도 괜찮았다. 어떤 책이든 읽어주면 다 좋아하기 때문이다. 그중에 아이가 더 좋아하는 책이 있을 뿐이다.

그런데 초등학교 들어가서는 아이가 좋아하는 분야의 책이 생긴다. 그것이 학습만화일 수도 있고 초등학생이라면 누구나 좋아한다는 엉덩이 탐정 시리즈일 수도 있다. 그렇더라도 아이가 책을 좋아하게 하려면 일단은 아이가 좋아하는 책을 사주어야 한다. 다음 독서 단계로 넘어가는 징검다리를 놓아주어야 건너갈 수 있다.

우리 아이가 도서관에 갔다가 재미있게 읽었던 책 중에 '시시 벨'이라는 작가의 『엘 데포』라는 책이 있다. 너무 좋아해서 도서관에서도 두세 번은 읽었다. 그런데 어느 날 서점에 갔을 때 그 책을 사달라고 했다. 몇 번이고 읽었던 책이고 도서관에도 있는 책이었지만 꼭 갖고 싶다고 했다.

아이에게는 오래도록 소유하고 싶은 엄마와 같은 책이 있다. 심심할 때, 마음이 속상할 때, 아주아주 기분이 좋을 때도 꺼내어보고 싶은 책 말이다. 꼭 아이가 직접 고른 책을 사주고 아이에게 오래도록 간직할 추억을 선물해주었으면 좋겠다.

좌뇌 우뇌
둘 다 키우는 독서 습관

코로나19 사태로 나는 오래도록 다니던 운동을 그만두었다. 운동이 즐거워서 다닌 적도 있지만, 하루 정도는 쉬고 싶다는 마음이 들었던 적도 있다. 운동은 나의 체력 증진을 위해 강력한 의지로 다녔다. 그렇게 꾸준한 운동으로 몸도 좋아지고 체력도 좋아졌다.

1년 넘도록 운동을 못 했더니 체중은 태어나서 최고점을 찍었고 한 가지 활동을 하고 나면 다음 활동 전 휴식을 취해야 할 정도로 체력은 바닥이 났다. 그렇게 내 몸은 슬프게도 풍선에서 바람이 빠지듯이 근육도 빠져갔다.

몸도 이렇게 잠시라도 움직이지 않고 쓰지 않으면 무뎌지고 나이가 들어가는데 뇌는 어떨까?

뇌는 '가소성'을 가지고 있다. 말하자면 지금 내가 가지고 있는 뇌가 평생의 두뇌가 아니고 변할 수 있는 능력을 갖추고 있다는 뜻이다. 얼마나 감사한 이 야기인지 모른다. 지금까지 아이에게 책을 읽어주지 못하고 책과 멀어졌다고 생각하는 엄마들도 얼마든지 기회가 있다. 지금부터라도 바꾸고 싶은 대로 노력한다면 아이의 뇌는 변할 수 있다. 뇌의 기능이 저하되어가는 아이도 얼 마든지 길을 만들고 닦아서 고속도로를 내어줄 수 있다. 하지만 그냥 쓰지 않 고 둔다면 안타깝게도 이 엄청난 혜택을 버리는 셈이다.

최근 들어 흡연 인구가 많이 줄기는 했다. 예전엔 크리스털로 만든 재떨이 를 집마다 하나씩은 가지고 있었던 기억이 있다. 그 당시에는 집에 손님이 오 시면 아버지는 방 안에서 이야기를 나누시면서 담배를 피우셨다. 우리 집만 그런 것은 아니었다. 드라마에서조차 주인공이 고민하는 장면이 있을 땐 방 안에서 담배를 피우는 장면이 나왔다.

게다가 1990년대 중반 나는 일본으로 공부하러 갈 때 흡연석이 있는 외국 국적의 항공기를 탔었다. 맨 뒷줄과 그 바로 앞줄은 비행기 손잡이에 재떨이 가 있는 흡연석이었다. 지금 생각하면 말이 되는가 싶겠지만 그때는 정말 그 랬다.

담배는 그 어떤 것보다 끊기가 힘들고 중독성이 강하다. 건강에 해롭다는 사실은 누구나 알기 때문에 아마도 가족 중에 흡연자가 있으면 모두 금연을 권유한다. 새해 첫날 세우는 계획 중 최고 1순위가 금연일 정도니까 얼마나 끊기 힘든 것인지 알 수 있다.

최근에는 담배만큼 끊기 힘든 게 하나 더 있다. 요즘 우리 아이들이 그토록 끊기 힘들다는 스마트폰 중독이다. 그런데 왜 흡연처럼 심각하게 생각하지 않는 것일까? 끊기 힘든 중독의 길을 가고 있는데 말이다. 아마도 몸으로 직접 느껴지는 나쁜 변화를 못 느끼기 때문이 아닐까?

뇌가 어떻게 변하고 있는지 눈으로 직접 볼 수 있다면 아마도 지금 당장 스마트폰을 두고 아이와 전쟁이 시작될 것이다. 지금은 그저 공부하는 시간이 적고 게임을 좀 더 하는 수준이라서 말리다가 그냥 못 이기는 척 져주고 만다.

사실 정보 혁명을 이루어준 스마트폰이 없는 생활을 이제는 상상할 수 없다. 하지만 그에 반해서 스마트폰과 태블릿 PC의 영상 노출로 인한 뇌 손상도 점점 심각해지고 있다. 청소년에게 목디스크, 척추측만증과 같은 정형외과 질환도 늘어가고 있다. 그렇게 이제는 몸이 반응하고 해로운 영향이 눈에 보이기 시작하는데도 끊지 못한다. 솔직히 말하면 이제 흡연처럼 중독에 접어든 상태다.

딸아이에게도 이제는 핸드폰이 생겼다. 초등학교 들어가기 전에 자기는 언제 핸드폰을 가질 수 있는지 물었고 나는 열 살이 되면 사주겠다고 약속했다. 열 살쯤이면 혼자 등하교를 할 때 필요할 것 같아서 그때쯤이 적당할 것 같았다. 초등학교에 입학하고 같은 반 친구들이 핸드폰을 가지고 있어도 사달라고 조르지 않았다. 평소 엄마의 약속은 쉽게 바뀌지 않는다는 사실을 잘 알고 있어서 아이는 열 살이 되기만을 손꼽아 기다렸다.

열 살이 되는 날 아이에게 핸드폰을 선물했다. 아이가 자신의 핸드폰을 설명하기로는 '할머니 폰'이라고 한다. 스마트폰이 아닌 위로 올려서 여는 폴더폰이다. 딱 필요한 기능인 전화와 문자만 된다. 카메라 기능은 미안하게도 예전 싸이월드 시절 사진 느낌의 화질이다. 추억이 새록새록 솟아나는 핸드폰 모양이지만 신랑과 내가 내린 최선의 결정이었다.

그런 핸드폰을 손에 처음으로 쥔 날 딸은 할머니, 이모, 삼촌, 사촌 언니들까지 전부 전화를 걸어서 자랑했다. 의외로 버튼을 누르는 촉감도 좋아했고 폴더를 여는 느낌도 특별하다고 했다. 그날 아빠를 졸라 플라스틱 폴더폰 케이스를 하나 사서 끼우고는 너무 행복하다고 하는 딸이었다.

아이가 핸드폰을 쓸 일은 고작해야 학교 수업이 끝나고 나오면서 엄마와 만날 장소를 정할 때뿐이다. 그마저도 어떤 날은 그냥 교문으로 나오다가 나를 만나면 핸드폰을 쓸 일이 한 번도 없다.

또래 친구들끼리 수업이 끝나고 나오면서 게임 이야기를 하는데 자기는 무슨 말인지 하나도 모르겠다고 했다. 우리 아이가 의지가 남달라서 게임에 빠지지 않은 것은 아니다. 아마도 스마트폰을 갖게 되었다면 딸 역시 영상에 노출이 되고 게임에 빠졌을 것이다.

엄마들이 스마트폰을 사주고 게임 좀 그만하라고 싸우는 것을 보면 안타깝다. 아이가 다른 아이들과 비교당하고 위축될까 봐 스마트폰을 사주기도 한다. 하지만 스마트폰 사주기 전쟁에서는 절대 아이와 타협하지 말고 승리해야만 한다. 그 전쟁에서 패배하면 다음 전쟁에서 승리는커녕 후퇴만 하다가 초등학교를 졸업하게 된다.

스마트폰은 사주지 않았다고 당당하게 말하면서 대신 태블릿 PC로 학습을 시키는 부모들이 많다. 나도 서점에 갔다가 옆 코너에서 초등학교 학습과 연계되었다며 태블릿 PC를 제공해 주는 학습 프로그램에 관해 안내를 받은 적이 있다. 아이들이 좋아하는 콘텐츠를 과목별로 편하고 재미있게 공부할 수 있게 만들었다.

나도 순간 저거 하나면 모든 과목을 편하게 공부할 수 있겠구나 싶어 혹했다. 게다가 무료체험 한 달을 할 수 있다는데 '체험만이라도 한번 해볼까?' 하고 고민했다. 하지만 취소하지 못하고 계속 연장하게 될 나 자신을 알기에 바로 거절했다. 쉬운 것을 선택할 때는 달콤하지만 결과는 쓰게 되어 있다.

태블릿 PC로 하는 공부도 뇌에는 마치 게임을 할 때와 비슷한 하이베타파가 나와서 게임을 할 때의 자극과 비슷하다고 한다. 공부할 때도 게임을 할 때 느끼는 긴장 상태와 같이 극도의 긴장 상태가 된다. 또 키보드로 글자를 쓰는 것보다 손으로 글씨를 쓰는 것이 뇌를 활성화시키고 표현력도 더 풍성하게 해준다. 그러기 때문에 종이로 된 책으로 공부해야 자극이 없다.

좌뇌는 논리, 숫자, 언어 등을 담당하는데 좌뇌가 발달한 사람은 언어 사용 능력이 뛰어나다. 이에 반해 우뇌는 색깔, 소리 등을 담당한다. 공간, 지각 능력과 예술적 재능 등이 뛰어난 사람들이 우뇌가 발달한 경우에 속한다.

영상을 많이 보는 요즘 아이들은 소리와 색깔에 반응하는 우뇌가 발달하고 상대적으로 좌뇌의 기능은 저하된다. 좌뇌가 위축될수록 좌뇌를 자극하는 책 읽기가 점점 싫어지는 것은 당연한 결과이다.

우선 책을 읽으면 글을 읽고 이해하는 능력, 즉 좌뇌가 활성화된다. 그다음 책을 읽고 난 후의 느낌과 생각을 말이나 글로 표현하기 위해 우뇌의 활동이 필요하게 된다. 그래서 책을 읽는다는 것은 뇌 전체를 활성화하는 완벽한 활동이다.

미국의 저명한 독서 교육 전문가인 짐 트렐리즈가 『하루 15분, 책 읽어주기의 힘』에서 학습 능력에 엄청난 영향을 끼치는 책 읽기의 효과에 대해 다음과 같이 이야기했다.

"대부분 사람은 처음 내 말을 들으면 믿질 않습니다. 그들이 믿지 않는 이유는 3가지입니다. 첫째, 비결치고는 너무 단순하고, 둘째, 돈이 너무 안 들며, 셋째는 아이들도 좋아하기 때문이죠."

그런데도 독서의 기적을 아직도 믿지 못하고 아이 손에 책 대신 스마트폰을 줄 수 있을까? 좌뇌와 우뇌의 균형 있는 발달을 위해서는 독서밖에는 없다. 운동을 통해 몸을 가꾸듯 뇌의 능력을 발전시킬 방법도 독서밖에 없다. 책을 읽지 않는다면 스마트한 세상에서 우리 아이는 절대 스마트해지지 않을 것이다.

초등 교과서
문해력이 전부다

.

문해력이란 무슨 뜻일까? 최근 화두가 되는 단어 중 하나이다. 문해력, 즉 글을 읽고 의미를 파악하고 이해하는 능력을 말한다.

우리나라의 문맹률은 1%에 가까운데 대부분 글을 읽을 수 있다는 말이다. 하지만 OECD 조사에 따르면 우리나라의 실질 문맹률은 75%에 가깝다. 쉽게 말하면 열 명 중 예닐곱 명은 글을 읽을 수는 있는데 무슨 뜻인지는 모른다는 것이다. 글자를 알고, 모르는 문제가 아니라 읽고도 그 의미를 몰라서 의사소통까지 안 된다는 것이다.

EBS 프로그램 『당신의 문해력』에서는 흥미로운 실험을 했다. 복약지도서, 주택임대차 계약서, 직장 휴가 일수 계산, KTX 열차표 금액 계산 같은 일상 생활에서 흔히 접하는 문서로 성인 문해력 테스트를 했다. 평균점수가 54점이었다고 한다. 전문적인 어려운 문서가 아니라 실생활에 항상 필요한 것인데도 절반 정도만 이해하고 있다는 뜻이다. 그렇다면 절반의 사람들은 글을 읽고도 이해하지 못한 채 생활하면서 불편을 겪고 있다는 이야기다.

같은 프로그램에서 고2 학생을 대상으로 수업을 하는 장면이 나오는데, 기생충의 원래 가제는 『데칼코마니』였다고 선생님이 알려주신다. 이때 '가제'의 의미를 물으니 '랍스터'란 대답이 돌아왔다. 웃을 수만은 없는 일이다. 설마 하는 마음은 선생님만 갖는 생각은 아니었다. 나도 적잖이 놀라서 몰라서가 아니라 장난스럽게 대답을 했다고 생각이 들었다.

영어 수업을 진행하는 또 다른 반에서는 영어 선생님이 진땀을 흘리고 있었다. 학생들이 영어 단어를 몰라서 수업이 힘든 것이 아니었다. 영어 단어를 한국어로 표현했을 때 그 한국어를 몰라서 한국어를 설명해주느라 영어 시간이 아닌 국어 시간이 되어버렸다. 보모, 피의자, 상업광고와 같은 한국어의 의미를 모르는 것이다. 현재 초등학교에 다니는 우리 아이들이 머지않아 겪게 될 모습이 아닐까?

초등학교에 들어가서는 긴 글을 읽기 힘들어하는 아이들이 많다. 어릴 때 곧잘 책을 읽었던 아이들도 긴 글로 된 책을 읽기 힘들어한다. 짧은 동화책에서 글 책으로 넘어가는 중요한 시기가 초등 1학년 시기이다.

그런데 아이 손에는 책 대신 마법의 시간으로 끌고 가는 스마트폰이 들려 있다. 게임과 만화책에 노출되어 영상과 짧은 말풍선에 익숙해져 긴 글은 점점 읽기 힘들어진다. 읽고도 무슨 말인지 이해하지 못하게 되어간다.

과연 아이들만 그럴까? 요즘 코로나19로 인해 포털사이트에서 '음성', '양성'을 실시간 검색한 사람이 아주 많다고 한다. 양성과 음성의 뜻을 모른다는 의미이다.

심지어 2020년 화제가 되었던 검색어에 '사흘'이라는 것도 있었다. '8월 광복절부터 사흘간 연휴'라고 나온 기사를 가지고 휴일이 3일인지, 4일인지로 네티즌을 뜨겁게 달궜다고 한다. 글을 쓴 기자조차도 '4흘'이라고 표기하는 어이없는 일이 생기기도 했다.

왜 이런 일들이 우리에게 일상이 되어가고 있는 걸까? 어머니 아버지 세대는 공부를 하고 싶어도 가정환경이 어려워 제대로 교육을 받지 못했다. 그래서 그 시대엔 문맹도 큰 흉이 되지 않았다. 하지만 지금은 고등학교까지 정규교육을 받고 사교육으로 엄청난 양의 공부를 하고도 글을 읽고 의미를 이해하지 못한다니 너무 아이러니하다.

가끔 옆에 있던 지인에게 제품을 구매하고 안에 든 사용설명서를 건네받은 경험이 있다. 설명서에 적힌 내용을 보고 작동 방법을 알려달라는 것이다.

그리 나이가 많지도 않은데 글을 못 읽어서일까? 단순히 기계치라고 하기에는 핑계에 지나지 않는다. 설명서엔 친절하게 한글로 쓰여 있고 그림으로 기계의 버튼 위치까지 번호를 써가며 상세히 적혀 있다. 그런데도 읽고도 이해하지 못하겠다고 핑계를 댈 수 있을까. 어른들도 이렇게 글을 읽고 이해하는 문해력에 문제가 생기고 있다.

요즘은 어른이나 아이나 스마트폰 세상에 빠져 온종일 게임과 영상을 본다. SNS로 사진과 짧고 간결한 몇 줄 글로 나를 표현한다. 영상에 빠져 있는 동안 우리 뇌는 후두엽만 자극을 준다. 그래서 단어의 의미, 문장의 맥락과 구조를 파악하는 전두엽의 기능이 저하되고 있다. 전두엽을 활성화하는 것은 책 읽기를 통해 충분히 가능하다.

최승필 저자는 『공부 머리 독서법』에서 이렇게 이야기한다.

"두껍고 난해한 세계명작을 읽고 이해할 수 있는 아이에게 교과서는 한 번 읽으면 간단하게 이해되는 쉬운 책에 불과하지요. 결국, 공부를 잘하기 위해서는 지식을 머릿속에 욱여넣는 독서가 아니라 지식을 습득하는 능력, 즉 글을 읽고 이해하는 '언어능력'을 키우는 독서를 해야 합니다."

위에서 이야기하듯이 글을 읽고 이해하는 능력을 키우면 교과서를 이해하기가 쉽고, 교과서를 읽고 이해할 수 있으면 공부가 쉬워진다는 얘기다.

엄마들이 초등학교 4학년이 되면 공부가 너무 어려워진다고 말한다. 왜 갑자기 4학년이 되면 점프하듯이 학습이 어려워지는 걸까?

갑자기 어려워지는 것이 아니다. 저학년 때는 교과목 수가 적고 학원에서 듣고 이해하면 어느 정도 효과가 나온다. 하지만 고학년인 4학년부터는 교과서를 읽고 이해하기 위해 시간과 에너지를 많이 쏟아야만 기대하는 효과가 얻어진다.

학원에서 수동적으로 듣는 공부로는 한계가 오기 시작한다. 책 읽기를 통해 읽고 이해하는 능력을 키워주어야 기본적으로 교과서를 이해하고 공부하는 것이 쉬워진다.

그럼 고학년이 된 우리 아이가 어떻게 하면 교과서를 읽고 이해하는 능력을 키울 수 있을까? 아이의 읽기 수준에 맞는 좋아하는 분야의 책을 하나 골라서 한 권만이라도 제대로 읽히면 된다.

아이 읽기 수준에 맞는 책을 고르는 방법은 한 페이지를 읽고 아이가 모르는 단어가 다섯 개 이상이면 수준보다 높은 책이다. 하나도 없다면 그것 또한 아이 수준에 너무 쉬운 책이다. 두서너 개 정도 모르는 단어가 있으면 적당한 수준의 책이다.

아이가 고른 책을 네 개의 분량으로 나누어서 일주일 동안 한 분량을 천천히 조금씩 엄마와 같이 읽어본다. 같은 분량을 두세 번 읽어도 괜찮다. 일주일 후에 읽은 분량을 엄마와 서로 퀴즈를 내며 깊이 파헤쳐본다.

주인공 이름이나 내용 중에 다쳤다면 어디를 다친 건지, 위기를 어떻게 모면했는지 등 퀴즈를 내면서 잘 기억하고 있는지 알아본다. 그리고 주인공이 한 행동을 어떻게 생각하는지 서로 다른 생각으로 이야기도 해본다.

'책 한 권을 깊이 있게 읽는다고 뭐가 달라지겠어?'라고 할 수 있다. 그러나 제대로 된 한 권의 독서가 교과서를 읽고 이해하는 데 얼마나 큰 힘을 발휘하는지 실천해보면 알 수 있다.

지금 우리는 어른도 아이도 점점 글을 읽지 않는 시대를 살아가고 있다. 긴 글을 읽기도 귀찮고 이해하기도 힘드니 짧은 카드뉴스나 영상으로 정보를 얻으려고 한다. 아이들도 학습의 비중은 높아져가는데 독서는 뒤로 밀리고 있다.

독서를 통해 인지 능력을 담당하는 전두엽이 활성화되지 못한다면 글을 읽고 이해하기 힘들어진다. 해당 학년의 교과서를 읽고 이해하지 못하는데 학원에서 수업을 받은들 무슨 의미가 있을까? 교과서를 읽고 충분히 이해한다면 초등학교 공부는 어려운 것이 아니다. 공부의 기본이 되는 문해력을 키우는 방법은 책 읽기라고 자신 있게 말할 수 있다.

어휘력 빈곤에서
탈출시키기

어른들은 쇼핑하기를 정말 좋아한다. 물론 시간을 투자해서 다리 아프도록 돌아다니는 쇼핑은 싫어하는 사람도 있다. 그렇다 하더라도 본인이 가지고 싶은 물건을 소유한다는 것은 누구나 좋아한다.

우리 아이는 여자아이인데도 신발이나 옷을 사러 가는 데는 별로 관심이 없다. 막상 사러 가더라도 한두 번 보고 딱 자기 맘에 드는 옷이면 결정하고 산다. 반대로 두 군데쯤 돌아보고 자기 마음에 안 들면 아예 사지 않는다. 입어보고 사는 것도 귀찮아할 만큼 좋아하지 않는다.

그에 반해 교보문고 안에 있는 팬시점이나 학교 앞 문방구에 들어서면 한 시간이고 두 시간이고 나올 줄을 모른다. 집에 색색이 가지고 있는 형광펜도 새로운 것을 보면 또 욕심이 나고 볼펜은 일일이 써보고 필기감이 좋은 것을 발견하면 너무 신나 한다. 가끔은 친구에게 줄 소소한 선물을 고르거나 신상품이 나오면 구경하는 재미에 푹 빠지곤 한다.

그렇게 문구점 투어를 마치고 꼬깃꼬깃 모은 용돈으로 펜과 수첩을 사고 집으로 가는 날은 머릿속에 생각나는 것은 뭐든지 다 써버릴 기세다.

어느 날 아이의 책상 위를 정리하다가 얼마 전 산 수첩을 펼쳐보았다. 첫 장에는 '읽고 싶은 책'이라고 쓰고 '①전쟁과 평화 ②부활 ③초등교육 독본'이라고 쓰여 있었다. 그리고 다음 장에는 '모르는 말'이라고 쓰고 단어들이 쭉 적혀 있었다. 무슨 책을 읽다가 이런 걸 적어뒀는지 궁금했다.

아이랑 간식을 먹으며 수첩에 적힌 글에 관해 물어보았다. 그랬더니 얼마 전에 집에 엄마가 사다 놓은 위인전에서 톨스토이를 읽었는데 너무 훌륭한 사람이었단다. 그러면서 톨스토이가 농민들을 위해 한 일과 형이 알려준 '마법의 푸른 지팡이'를 평생 찾으며 산 일을 조잘조잘 끝없이 얘기했다. 솔직히 나도 잘 모르던 이야기를 들어서 엄마로서 창피하기도 했다.

수첩에 적어둔 '읽고 싶은 책' 목록은 어린이가 읽기에 조금 힘들 것 같다고 얘기해줬더니 한글인데 왜 힘드냐며 꼭 읽고 싶다고 한다. 천천히 조금씩 모르는 것 찾아가면서라도 꼭 읽을 거란다. 내가 이런 날을 위해 그렇게 책을 읽혔나 싶게 너무 기특했다.

시험을 100점 맞지 않아도 책을 통해 전 시대의 위인과 대화하고 위인이 해주고 싶은 말들을 기꺼이 들으려고 하는 마음을 갖는다. 그리고 어렵지만 도전해보고 싶다는 용기도 갖게 되었다. 이 모든 것은 엄마의 잔소리와 학원에서 알려주는 지식이 아니라 책을 통해서만이 가질 수 있는 무기다.

아이의 수첩에 적어놓은 어휘들을 사전을 보며 함께 찾아서 알려주었다. 가끔 자기 전에 누워서 각자 책을 읽다가 아이는 모르는 단어가 나오면 내게 묻는다. 그럴 땐 바로 알려주지 않고 그 문장을 같이 읽으면서 무슨 뜻일 것 같은지 생각해보도록 한다. 이야기의 흐름을 보면서 '이런 뜻'일 것 같다고 추측해본다. 그 생각을 마치고 나서 뜻을 이야기해주면 훨씬 더 잘 이해하고 오래도록 기억에 남는다.

한 페이지에 네 개 정도 모르는 어휘가 있는 책을 골라 읽어가면서 어휘량을 늘려주는 것이다. 절대로 모르는 말을 그냥 지나쳐서 읽지 않도록 하는 것이 깊이 있는 책 읽기가 된다.

아이는 내가 곁에 있을 때는 바로 물어보며 책을 읽어나가고 혼자 읽을 때는 수첩에 적으면서 읽는다. 어떻게 수첩에 적으면서 읽을 생각을 했을까 싶어 너무 기특했는데 이것이 책을 읽으면 자라는 생각하는 힘이다.

그 수첩이 빼곡하게 다 채워지면, 아이는 풍부한 어휘량으로 글을 읽고 이해하는 능력이 더 좋아질 것이다. 그리고 질문하고 글을 쓸 때도 자기 생각을 풍성하게 표현할 수 있을 것이다.

아이가 어려서 말을 막 배워서 하기 시작했을 때 손가락으로 물건을 가리키며 "저거! 저거!" 할 때가 있다. 이때 나는 그게 무엇인지 알아차려도 그냥 해주지 않았다. "어떤 거?"라고 물으면서 비슷한 단어를 말하곤 했다. 그럼 아이는 고개를 가로저으며 "아니, 아니, 저거!"라고 말을 했다.

이때 엄마들이 "아~ 동그란 거? 축구공?" 이렇게 단어를 알려주면 아이의 어휘량이 풍부해진다. 그러면 아이는 다음에 '저거'라는 말을 안 쓰고 단어로 이야기하게 되고 점점 빨리 말을 배우면서 자기 생각을 잘 전달하게 된다. 사용할 수 있는 어휘량의 차이는 생각의 차이를 가져온다.

아이가 어릴 때 엄마들은 알기 쉬운 단어로만 이야기하는 경우가 많다. '맘마, 까까, 아야 했어.' 같은 유아 언어로 말을 하거나 느리고 쉽게 대화한다. 그러면 아이는 어휘가 풍부해질 수 없다.

우리 부부는 아이에게도 우리가 쓰는 단어와 속도 그대로 이야기했다. 모를 것 같은 단어들은 풀어서 얘기해주면서도 단어 사용은 그냥 다 했다. 그랬더니 확실히 아이가 또래보다 말을 빨리했고 어려운 어휘도 같이 쓰면서 말을 했다. 어릴 때부터 언어 자극을 통해 어휘력을 키워줘야 생각도 깊어진다.

초등학교 다니는 아이들과 함께하면 좋은 어휘력 쌓기 놀이가 있다. 내가 아이와 한두 번 했는데 아이가 너무 재미있어해서 계속하자고 졸랐다. 쉬운 단어들 몇 개와 조금 어려운 단어들 몇 개를 종이에 적고 보여준다. 어려운 단어는 뜻을 알려주고 각자 노트에 그 단어들을 넣고 문장을 만들어서 글로 써보는 것이다.

간단하지만 아이의 생각 주머니는 바빠지고, 창의력은 샘솟고, 어휘량은 폭발하는 놀이이다. 그리고 엄마와 자기가 만든 문장들을 비교해보면서 다르게 표현하는 방법도 알게 되고 다양한 표현을 배운다. 이런 것이 쌓이면 독서록을 쓰거나 글을 쓸 때 표현하는 어휘도 많아지고 다양해진다.

딸아이가 제일 좋아하는 것 중 하나는 논술 같은 짧은 지문을 읽고 문제를 푸는 것이다. 독해 문제집은 아이가 직접 골라 사달라고 하는 것으로 사줬는데 옆에서 보니 공부로 생각하는 게 아니라 재미있는 퀴즈 풀듯이 한다. 책 읽기도 새로운 것을 배울 때 스트레스가 아니라 즐거운 호기심을 가지고 배울 수 있도록 하기 위함이다.

문제집의 지문을 읽으면서 무엇을 이야기하는지 생각하고 새로운 어휘를 배운다. 창작 동화만 즐겨 읽다가 논술 지문을 읽다 보니 환경 문제에도 관심이 생기고 전통에 대해서도 알게 되었다. 미래를 생각하면서 과거도 버리지 않고 존중하는 삶을 살아가는 아이가 되었다.

수능 국어 영역 중에 가장 중요한 것이 독해다. 어휘를 모르고서는 문장을 이해할 수가 없고 문장을 이해하지 못하면 문단을 파악할 수가 없다. 어휘력이 문해력을 불러오고 문해력은 문제에 대한 이해도를 높여 핵심을 잘 파악할 수 있게 한다. 문해력이 높으면 당연히 지문을 이해하고 출제자의 의도를 파악하는 데 시간이 적게 들 뿐만 아니라 정확한 개념을 이해할 수 있다. 특별히 논술 학원에 다니고 힘들게 해야만 하는 게 독해 공부가 아니다.

송재환 저자의 『초등 1학년 공부, 책 읽기가 전부다』에 초등학교 시험 중 아래와 같은 지문이 나온다.

"하루에 20분씩 빨리 가는 시계가 있습니다. 오늘 이 시계를 낮 2시에 맞춰놓았습니다. 이튿날 밤 8시에 이 시계가 가리키는 시각은 몇 시 몇 분입니까?"

수학 시험이 끝나고 적지 않은 아이들이 계산을 못 해서가 아니라 '이튿날'의 뜻을 잘 몰라서 오답을 적었다고 하니 너무 안타까운 일이다.

이런 어휘력은 언젠가 성장을 멈추는 키와 같이 무한대로 늘지 않는다. 다만 초등학교 시절에 특히 저학년 시기에 폭발적으로 늘어난다. 이때 책을 통해 어휘력을 키워주지 않으면 생각의 폭도 좁고 표현력에도 한계가 생긴다.

자신의 머릿속에 저장된 어휘만큼만 이해하고, 느끼고, 생각하고 표현할

수 있다. 좋은 문학책을 통해 풍부하게 어휘력을 키워갈 때 아이가 살아가는

미래도 그만큼의 크기만큼 커질 것이다.

초등 매일 한 권 독서 습관

06

호기심을 죽이고 살리는 건
책 읽기에 달렸다

"질문을 멈추지 않는 게 중요하다. 호기심은 그 자체만으로도 존재 이유가
있다."

천재 과학자 아인슈타인이 한 말이다. 아인슈타인이 자라던 동네에는 작
은 강이 흐르고 있었는데 그 강에서 놀며 무한한 호기심이 생겼다고 한다. 그
때 생긴 호기심은 많은 질문을 낳았고 그 질문은 오랜 연구를 하게 된 바탕
이 되었다.

학원에 다니지 않는 딸아이는 수업이 끝나고 집에 오면 학교에서 있었던 일을 조잘조잘 곧잘 이야기한다. 나는 수업 중에 모르는 게 없었는지, 모르는 걸 선생님께 질문해봤는지 물어본다. 그러면 아이는 의기소침해져서 반 친구들은 다 알고 있는 것 같다고 한다. 나도 대부분 학원에 다녀서 이미 다 배웠을 것으로 짐작되기도 한다. 미리 배운 친구들도 있지만, 천천히 수업시간에 배워도 충분할 거라고 위로해준다.

1학년 교실은 떠들썩하다고 한다. 선생님을 수십 번 불러대고 "이건 뭐예요?", "이건 어떻게 해요?", "이건 왜 그런 거예요?" 꼬마 아인슈타인처럼 질문이 폭발한다고 한다.

반면에 고학년 교실 앞을 지나다 보면 적막이 흐른다. 그 질문 많던 아이들은 다 어디로 가고 묵언 수행하는 스님들만 앉아 계시는 것 같은 생각이 든다.

3학년이 된 딸아이의 교실에서는 선생님이 설명도 하기 전에 "선생님, 저 그거 알아요."가 제일 많이 들린단다. 이것이 딸아이를 한없이 작아지게 한 말이다.

초등학교 입학 전까지는 그래도 책을 좀 읽던 아이들이 많아서 1학년까지는 호기심이 왕성하다. 모든 것이 궁금하고 알고 싶어 질문을 많이 한다. 2학년이 되면서 본격적인 학교 공부를 위해 학원에 다니기 시작하고 3학년쯤 되면 한 학기 내지는 한 학년 정도 선행학습을 한다.

이미 다 배운 건데 수업시간이 재미있을까 싶은 생각이 든다. 벌써 답을 다 알고 있는데 선생님이 답을 찾아가는 과정을 설명해줘도 궁금하거나 호기심이 생기지 않는다. 학원에서는 정답만 알면 문제를 이해한다고 생각하고 다음으로 넘어간다. 그런데 정말 다 알고 있는 것이 맞을까?

요즘 아이들은 아는 것도 많은 것이 사실이다. 이것저것 우주에 관한 것도, 생물에 관한 것도 척척 대답한다. 그런데 "왜 그런 건데?"라고 물으면 "그냥 학습만화에 그렇게 다 나와요."라고 한다. 과정이 없는 정답을 알 뿐이지 왜 그런 결과가 나왔는지는 궁금하지도 않고 알지도 못한다.

부모들과 주변 사람들은 어려운 과학 단어를 척척 이야기하면 그런 것까지 어찌 아냐며 똑똑하다고 칭찬해준다. '나 그거 다 알아요.'의 덫에 걸린 것이다.

학원은 결과 중심으로 교육을 한다. 어느 세월에 하나하나 이유를 제시하고 과정을 설명하겠는가. 그 긴 시간을 버티고 앉아 있을 아이도 없고 기다려줄 부모도 없다. 그냥 수많은 정보와 결과만 계속 머리에 집어넣고 있다. 이것을 '안다'고 착각하는 것이다.

어느 날 차를 타고 가면서 아이에게 수업시간이 재미있었냐고 물었더니 봇물 터지듯 입이 터졌다.

"사회 시간에 우리 고장에 대해 배웠는데 '밥 할머니 동상'에 대해 배웠거든? 그 동상은 얼굴과 머리가 부서진 채로 아직 그대로래. 그런데도 다시 머리를 복원하지 않는 이유는 어쩌고저쩌고……. 행주산성은 왜적이 침입했을 때 어쩌고저쩌고……."

조잘조잘 쉴 새 없다. 듣기만 해도 그 수업이 얼마만큼 재미있었는지 상상이 가서 웃음이 나왔다. 그러다가 차 창밖 담벼락에 담쟁이 넝쿨이 뻗어 내려오는 것을 보면서 추억에 젖어 이야기했다.

"어렸을 때 엄마가 담쟁이 넝쿨 책 읽어줬었잖아!"

그러면서 저 담쟁이는 벽을 타고 아래로 내려왔는데 왜 사람이 다니는 길까지는 안 뻗어 내려왔는지 궁금해했다.

그러더니 이번에는 엄마, 아빠가 어렸을 때는 현장학습을 어디로 다녔는지 궁금하다고 물었다. 우리 부부는 옛 추억에 빠져 그냥 허허벌판 민둥산에 소풍을 간 게 다였다고 이야기해주었다. 신랑도 운전하면서 그 시절 도시락 얘기며 친구 어깨에 송충이가 기어 다닌 이야기를 하며 신나게 웃었다. 나도 이에 질세라 엄마는 뱀을 무서워해서 소풍 가는 게 제일 걱정이었다고 얘기해주었다.

그때부터 차 안은 과학 시간이 되었다. 아이가 뱀은 왜 혀가 둘로 갈라져 있는지 궁금하다며 물었다. 아빠는 "그러게, 왜 그럴까?" 하며 아이에게 다시 물었고 아이는 책에서 읽었던 뱀에 대한 특징을 기억을 더듬어가며 하나둘 말하기 시작했다. 그러면서 혀로 냄새도 맡지만, 소리도 들을 수 있다고 알려 주었다.

그러더니 갑자기 과학자가 대단한 발견을 한 것처럼 "그럼 혀가 갈라져 있으니 양쪽으로 냄새를 맡거나 소리를 듣기가 쉽지 않을까?" 하고 흥분하며 말했다. 그랬다가 또 뱀이 눈이 나빠서 멀리 있는 건 안 보인다던데 어느 정도 먼 곳까지 있는 먹이 냄새를 맡을 수 있는지 궁금해하기도 했다.

뱀의 꼬리에 꼬리를 무는 질문이 계속되었다. 결국 빨강과 검정 줄무늬 뱀이 엄마 엉덩이를 꽉 물고 너를 갖게 되었다는 태몽 이야기로 뱀 이야기는 끝이 났다.

나는 아이가 시험지에 100점을 받아오는 것보다도 수업시간을 따분한 시간이 아니라 신나고 재미있는 시간이라고 느끼는 것이 너무 다행이다. 그리고 뭐든지 궁금해하고 모르면 질문하는 것도 감사하다. 선생님이 상담할 때 아이가 소심한 성격 같아도 모르는 건 꼭 질문한다고 해서 참 다행이라고 생각했다.

세상을 다 안다고 착각하거나 궁금한 게 생겨도 자존심이 상한다고 배우지 않는 것보다는 스스로 질문하고 답을 찾아가며 배우는 삶을 사는 태도가 훨씬 낫다고 생각한다.

'눈에 보이는 것에 대한 호기심 어린 질문', 이것은 정말로 궁금해야 할 수 있는 것이다. 나는 어느 정도 크고 나서도 비행기를 타고 구름 위를 날아갈 때면 어릴 적 보았던 '알프스 소녀 하이디'처럼 구름 위에 누워보고 싶었다.

신기하게도 딸아이도 어릴 때 가끔 구름을 보면서 구름 위에 누울 수 있냐고 나에게 물었다. 나는 웃으면서 "글쎄, 엄마도 누워보고 싶어."라고 얘기해 줬다.

까맣게 구름의 존재를 잊고 있었는데 어느 날 실망한 표정으로 "엄마, 구름 위에 누울 수 없어!"라고 한다. 구름이 기체라는 것을 처음 알게 된 날이다. 웃는 나에게 엄마는 알고 있었냐고 배신당한 눈빛으로 묻고 또 물었다.

아이들은 하늘을 보고 땅을 보고 세상을 보며 관찰할 시간이 있어야 궁금한 게 생긴다. 그런데 요즘 아이들을 보면 고개 숙이고 스마트폰만 바라보다 학원 버스에 오른다. 학원에 도착해서는 수동적으로 앉아서 본인의 눈높이에 맞지도 않은 지식만 머릿속에 집어넣기 바쁘다.

스스로 왜 공부를 하는지도 모르면서 지겨운 학습만 한다면 호기심이 생기지 않는다. 수업 중에 궁금한 것이라고 해봐야 지금이 몇 시인지 수업이 끝나려면 몇 분 남았을까 정도일 뿐이다.

질문하는 아이들의 입을 엄마 스스로 막지 않도록 해야겠다. 쓸데없는 질문하지 말고 문제집 풀고 공부나 하라고 등 떠민다면 영원히 우리 아이의 입은 내 앞에서는 닫혀버릴지 모른다. 사춘기가 되어 입을 닫은 아이에게 아무리 말을 걸어도 닫힌 입은 더욱 열리지 않을 것이다.

아이가 찾고 있는 해답은 '왜?'라는 질문부터 시작해야 한다. 스스로 고민하며 하나씩 알아가는 과정을 통해 결과에 도달했을 때에야 성취감을 느낄 수 있다. 질문은 호기심에서 시작된다. 우리가 지금 편리한 생활을 누리고 있는 세상은 꾸준한 호기심과 궁금증을 가진 사람들에게 발견되고 발전된 결과이다.

자연 속에서 뛰어놀고 관찰하면서 무한한 호기심이 생길 때 아이는 진정한 공부를 시작할 것이다. 우리 아이의 빛나는 미래를 작은 손바닥 안에 가두지 말아야겠다.

07

하루 한 권이면
성격부터 성적까지 바뀐다

나는 제주도 동쪽 작은 바닷가를 끼고 있는 마을에서 자랐다. 그곳에서 한 학년에 두 반이 전부인 작은 초등학교에 다녔다. 학교에 가려면 그 당시 나의 걸음으로 15분은 넘게 걸어야 했다.

매일 학교를 오고 가는 길가에서 계절을 볼 수 있었다. 봄이면 유채꽃이 길가를 따라 노랗게 피어 있고, 여름이면 그늘 하나 없는 그 길을 친구들과 땀을 뻘뻘 흘려가며 걸어 다녔다. 집으로 오는 길에 못 보던 곤충이라도 발견하는 날엔 옆에서 걸어가던 친구들도 우르르 모여들어 한참을 보며 웃고 떠들었다.

겨울에도 기온이 따뜻한 제주도라 교실엔 난로 하나 없이도 춥지 않게 보내다 방학을 맞았다. 나의 기억 속에 초등학교 시절이 가장 길고 즐거웠던 시간이다.

육지(제주도 사람들은 제주도를 벗어난 뭍은 육지라고 함)에 올라와서 회사에 다니다가 늦은 나이에 결혼하고 아이를 낳았다. 그러다가 마흔이 넘어 초등학교 동창 친구들을 처음으로 만나게 되었다.

얼굴에서 흘러간 세월이 잠깐 느껴질 뿐 얼굴만 한 번 보고도 누가 누군지 척 보고 다들 알아차렸다. 개구쟁이던 초등 남자아이, 야무지고 어른 같던 여자친구, 춤을 잘 추던 친구, 그 시절의 친구들이 얼굴에 다 보였다.

그 친구들에게 난 어떤 기억으로 남아 있을까? 소심하고 얌전한 아이. 나는 그런 아이였다. 적어도 내 기억엔 그랬다. 발표도 자신 있게 손들고 하지 못해서 시켜줘야 했던 용기 없는 소극적이던 아이였다.

비가 갑자기 쏟아지는 날이면 엄마들이 우산을 들고 교문 앞에서 기다리고 있었다. 하지만 가게를 하던 엄마는 내가 하교하는 시간이 하루 중 제일 바쁜 시간이라 당연히 우산을 들고 마중 나오지 못하셨다.

나는 친구들이 부럽기도 하고 가게를 하는 엄마가 그 순간 원망스러웠다. 비를 맞고 가면서도 쑥스러워 친구에게 우산을 같이 쓰자고 말을 못 했다. 친구가 먼저 같이 쓰자고 얘기하면 그때야 같이 쓰던 소심한 성격의 아이였다.

내 아이는 나처럼 키우고 싶지 않았다. 당당하고 활발한 자신감 넘치는 아이로 키우고 싶었다.

다행히 유치원을 거쳐 초등학교를 보내면서 친구 문제나 기관 적응 문제로 아이를 걱정해본 적이 없다. 초기에는 소극적으로 보이고 친구에게 말을 못 거는 것 같았지만 어느 정도 시간이 지나면 아이는 한두 명 친구가 생기고 금방 단짝 친구도 생겼다.

아이는 나에게 친구들이 처음에 보이는 성격과 시간이 조금 지나서 보이는 성격들이 다르다고 말해주었다. 그래서 조금 지켜보다가 자기와 잘 맞고 성향이 비슷한 친구를 사귄다고 한다. 누가 가르쳐준 게 아니라 혼자 경험하면서 터득한 친구를 사귀는 방법이다.

어느 날 갑자기 학교가 끝날 즈음부터 비가 내리기 시작했다. 우산을 들고 교문에 먼저 가서 기다리고 있었다. 그런데 저 멀리 우산을 쓴 아이들 사이로 검은색 후드를 푹 뒤집어쓰고 딸아이가 터벅터벅 걸어오고 있었다.

내가 달려가 우산을 씌워주며 엄마가 왔는지 좀 살펴보고 기다리지 왜 비를 맞고 오냐고 속상해하며 물었다. 아이는 별일 아니라는 듯 웃으며 "그냥 오다 보면 엄마를 만나든가 못 만나면 친구 보고 같이 쓰자고 하면 되지!" 하는 것이다.

어릴 때 학교 행사에 오지 못하시고 비 오는 날 우산을 들고 오지 못한 엄마는 나에게 바쁜 엄마로 기억되어 있다. 그래서 나는 절대로 아이 행사에 빠지지 않겠다고 다짐했고 아이를 기다리게 하지 않겠다고 다짐했었다. 그런데 내 걱정과는 달리 아이는 나와 다르게 자라고 있었다. 오히려 너무나도 당당하고 자신감 있는 모습이어서 놀랐다.

아이가 책을 읽으면 내면이 단단해진다. 겉으로 드러나는 성격은 얌전하고 조용할지 몰라도 작은 것들에 상처받는 일이 없다. 책을 통해 어려움을 이겨내 세계 최고가 된 위인들도 만나고 여러 주인공이 겪는 힘든 과정을 아이도 함께 이겨낸다. 항상 어려움은 있다고 생각하면서도 그 또한 이겨낼 수 있는 용기도 있다는 것을 책을 통해 배우기 때문이다.

아이가 아주 어렸을 땐 엘리베이터 안에서 이웃을 만나도 인사를 하지 못했다. 인사를 해야 한다는 건 알고 있는데 쑥스러워서 힘들어했다. 아무리 내가 먼저 인사하는 모습을 보여줘도 하지 못했다. 하지만 절대로 인사하라며 고개를 억지로 숙이게 하지 않았다. 분명 달라질 수 있을 거라고 아이를 믿고 기다렸다.

책과 함께 쑥쑥 자란 아이는 지금은 그때와는 달리 미화원 아주머니, 경비 아저씨, 엘리베이터를 함께 타는 이웃 어른들 모두에게 인사를 잘한다. 인사를 받은 할머니는 "아이고, 고마워라. 미안하네? 할머니가 다음엔 먼저 인사해줄게."라고 하시기도 한다.

인사를 하는 건 당연한 건데 지나친 자랑 아니냐고 할 수도 있다. 나는 아이가 책에서 배운 내용을 실천하기 위해 자신의 부족한 면을 스스로 채워나

간다는 얘기를 해주고 싶다. 엄마의 잔소리보다는 책이 가르쳐주는 것이 스스로 깨닫기에 좋다.

내가 읽었던 육아서에서 가장 공감이 가고 실천 가능한 선택이 아이에게 책 읽어주기였다. 몇 년간 힘들더라도 책을 읽어주고 책과 친구가 되도록 만들어주면 초등학교 들어가고부터는 너무 편한 육아가 된다는 말을 믿고 시작한 책 읽어주기였다.

그런데 정말 이제 꿈같은 시간이 다가온다. 책을 읽으며 책과 친구가 된 아이는 스스로 한글도 깨우쳤고 기관이나 학교에서 학습이나 친구 관계, 선생님과의 유대관계를 걱정할 필요가 없다.

유치원 선생님들로부터 3년 내내 상담 때마다 아이가 바르고 책도 많이 읽고 공감 능력이 뛰어나다고 칭찬을 받았다. 초등학교 입학 후 학기 초 상담 일정이 잡혀도 걱정 없이 선생님을 뵈러 간다. 야무지고 규칙 잘 지키고 과제를 끝까지 해내는 인내심도 뛰어나다고 한다. 아이 스스로 이루어낸 결과에 엄마는 그저 감사할 뿐이다.

저학년이라 아직 성적을 논할 수 없다고 하겠지만 1, 2학년 내내 학업 성적도 '매우 잘함'으로 기록되었다. 수학을 조금 어려워하지만 다들 힘들어하는 수학 주관식 문제는 이해도가 높다.

더 잘하는 아이는 분명 많다. 하지만 사교육을 시키지 않고 공부 스트레스를 안 주면서 학교 수업만으로 자기 주도 학습이 되는 데에 의미가 있다.

초등학교 저학년은 과제라고 해봐야 일기나 독서록 쓰기 정도이다. 책을 좋아하는 아이는 일기나 독서록 쓰기 같은 것을 힘들어하지 않는다. 책을 읽는 것을 좋아하니 억지로 독서록을 위해 엄마의 잔소리 속에 책을 읽지 않아도 된다. 그냥 오늘 읽은 많은 책 중에 기억에 남는 책을 골라 쓰면 된다.

자기 생각과 느낌을 글로 표현하는 것도 어려워하지 않는다. "나는 이 책을 읽고~감명 깊었다. 재미있었다. 하지 말아야겠다." 같은 몇 줄 안 되는 독서록 쓰기를 하지 않는다. 독서록을 검사한 선생님들이 글쓰기 능력을 칭찬한 글이 많다.

책을 읽힌다는 것은 어렵기도 하지만 어떻게 보면 가장 단순하고 쉬운 일이기도 하다. 책을 읽어주고 책과 친하게 지낼 수 있게 만들어주기만 하면 아이의 첫 사회생활인 초등학교 시절을 걱정 없이 즐겁게 할 수 있다.

나쁜 친구를 사귈까 봐 걱정하지 않아도 된다. 아이는 먼저 본인이 나쁜 친구가 되지 않아야 한다는 걸 책을 읽고 안다. 친구를 배려하는 마음도 배우고 선생님을 존경하는 마음도 배운다.

어려움을 이겨낼 수 있는 용기도 생기고 당황하는 일이 생겨도 해결 방법을 찾아 생각하는 힘도 키워진다. 선행학습 없이도 교과서를 이해하는 능력이 높아지니 수업시간이 즐겁고 호기심이 생긴다. 스스로 계획을 세우고 공부를 하면서 엄마의 잔소리 때문에 스트레스를 받을 일도 없다.

하루 한 권 책 읽기만으로 성격부터 성적까지 모두 바뀐다. 오늘부터 해도 절대 늦지 않았다고 꼭 말해주고 싶다.

08

독서 밑천 없이
공부를 잘할 수 없다

아이가 좋아하는 책 시리즈가 있다. 글밥도 적당하고 창작 동화라 저학년 감성에도 맞고 무엇보다 이야기가 재미있다. 아니나 다를까 도서관에 가면 그 시리즈는 몇 권 남아 있지 않고 대출되어 없다.

도서관에 갈 때마다 우선 그 시리즈 책이 있는 곳을 가서 그동안 못 읽었던 책들을 우선으로 가져다가 읽는다. 맨 마지막 장에는 60권의 시리즈 제목들이 다 적혀 있는데 꼭 가지고 싶다는 책들은 몇 권 사주었다. 엄마인 내가 봐도 제목만으로도 호기심을 끌 만했다.

구매한 책 중에 『아드님 진지 드세요』라는 제목의 책이 있다. 제목만 보고도 아이가 얼마나 웃던지 "아이한테 진지 드시래." 하며 웃고 또 웃었다. 어른들께 존댓말을 하지 않는 아들에게 궁여지책으로 엄마가 존댓말을 쓰면서 일어나는 아들의 심경 변화를 쓴 책이다.

나도 가끔 아이가 존댓말을 쓰지 않고 부탁을 하면 거꾸로 아이에게 존댓말로 대답한다. 그러면 아이는 뜨끔해한다.

최근 국어 시간에 존댓말에 대해서 배우게 되었는데 아이가 국어 교과서에 『아드님 진지 드세요』라는 책이 나왔다고 한다. 그러면서 책을 다 읽어야 재미있는데 교과서에는 일부만 나왔다고 너무 안타까워했다.

나와 함께 책을 읽으면서 잘못 쓴 존댓말과 반말들에 대해 많은 이야기를 나눈 후라서 교과서에 나오는 것들은 너무 쉬웠다고 했다.

책 읽기로 쌓은 지식은 공부의 배경 지식이 된다. 배경 지식이 많으면 공부에 더 흥미를 느낄 수 있다. 수업시간에 배우는 내용을 자신이 알고 있는 배경 지식과 연결 지어 더 확장해서 배울 수도 있다. 일부만 알았던 지식에서 학교 수업시간에 배움이 보태지면 배움의 깨달음이 커진다.

국어 수업에서만 느낄 수 있는 것이 아니다. 과학 시간에도 마찬가지다. 아이는 이전에 읽은 과학 동화책들을 통해 수컷들이 대체로 화려하다는 것을 알고 있었다. 어느 날 수업시간에 갈기가 있는 수사자, 뿔이 있는 수사슴 등 암수 구별법에 대해 배웠다. 아이가 알고 있던 동물 외에도 암수를 구별하는 법에 흥미 있어 했다.

그냥 처음 배우는 지식을 관심 없이 외우려면 재미도 없을뿐더러 주입식으로 암기하면 금방 잊어버리고 만다. 책 읽기로 쌓은 배경 지식을 통해 학습 능력이 향상되는 것은 당연한 결과다.

요즘은 아이들의 선택권이 많이 부족하다고 생각한다. 학원에 가는 학생들에게 왜 학원에 가는지 물어보면 "그냥 엄마가 가래요." 이런 대답이 돌아온다.

대부분 아이가 공부를 왜 해야 하는지도 모른 채 엄마가 시켜서 또는 남들이 하니까 그냥 따라서 한다. 왜 공부를 해야 하고, 무엇을 공부하고, 어떻게 공부할지를 스스로 알지 못한 채 공부하고 있는 셈이다.

학원은 보통 선행학습을 위주로 한다. 지금 배우는 교과서 진도보다 앞서 배운다. 그래서 학원에 다니는 아이들은 수업시간에 "알아요."로 대답을 일관한다. 학원에서 배웠으니까, 들어봤으니까 안다고 착각한다.

하지만 실제로 정확히 알고 있지 않은 경우가 많다. 메타인지 능력이 떨어진다는 것이다. 다시 말해 수동적으로 학습한 것을 자신이 알고 있다고 착각하는 경우가 많다.

메타인지란, 아는 지식과 모르는 지식을 구분하는 능력이다. 즉, 내가 무엇을 알고 무엇을 모르는지 정확히 객관적으로 파악하는 능력이다. 그리고 아는 것에 관해서는 설명할 수 있을 정도의 지식 상태를 말한다. 자신을 객관적으로 평가하고 자신의 문제를 정확히 알게 됨으로써 학습 효과를 높일 수 있다.

상위 1%의 우등생의 비밀은 기억력이 아니라 문제를 객관적으로 볼 수 있는 메타인지 능력에 달렸다고 한다. 메타인지 학습 능력이 7~14세 사이에 길러지므로 메타인지 능력 향상을 위해 초등학교 시기가 매우 중요하다고 볼 수 있다.

메타인지 능력을 키우는 방법은 말하기를 통해 높이는 것이다. 질문을 통해 묻고 답할 수 있는 능력을 키운다.

글을 읽고 이해할 줄 알아야 본인의 생각을 말할 수 있는 능력이 키워진다. 말하기 능력에 필요한 이해력과 표현력은 책 읽기를 통해 길러진다. 책 읽기가 말하기 능력을 키워줄 수 있고 메타인지 능력을 향상해 학습 능력까지 높일 수 있다.

자기 주도 학습을 하는 아이들이 수동적으로 공부하는 아이에 비해 성적 향상이 높다. 자기 주도 학습은 아이 스스로 뚜렷한 목표를 세우고 학습의 주도권을 잡고 능동적으로 학습 목표를 이루도록 하는 것이다. 그야말로 모든 엄마가 원하는 학습 방법이 아닐 수 없다. 스스로 알아서 계획하고 공부하고 성취한다니 말이다.

스스로 계획하고 목표를 정하는 데는 생각하는 힘이 필요하므로 독서 습관 없이는 자기 주도 학습은 성공하기 힘들다.

자기 주도 학습의 마지막 단계는 메타인지를 활용하는 단계다. 학습한 내용을 자신이 아는 것과 모르는 것을 구별해내어 다시 학습 계획을 세워야 한다. 이 메타인지 과정을 거쳐야 비로소 정확하게 학습이 마무리된다.

책을 읽고 싶어도 시간이 없으면 읽을 수 없다. 읽을 시간이 확보되어야 하는데 초등학교 때가 그래도 시간이 넉넉한 편이다. 초등학교까지는 그래도 학원에 가서 시간을 투자하면 처음엔 원하는 성적이 나올 수 있다.

그런데 공부를 곧잘 하던 우등생들이 고학년으로 올라가면서 성적이 점점 떨어지기 시작한다. 어찌어찌 잘 버텼던 초등 우등생들도 중학교에 가면 다 떨어져나간다. 주입식으로 암기한 지식은 단기기억에 머물다 지워지기 때문에 오래도록 유지하기가 힘들다.

벼락치기로 공부하고 시험 보고 난 후 다 잊어버렸던 경험들이 있을 것이다. 반면에 책을 읽는 동안에는 두뇌 자극을 통해 세포가 활성화되어 기억력을 강화할 수 있다.

전안나 저자는 『초등 하루 한 권 책밥 독서법』에서 어느 초등학교 교사의 말을 빌려 이렇게 말한다.

"독서를 하면 읽는 시간뿐만 아니라 생각할 시간도 필요하다. 글자의 의미를 깨닫고 문장을 해석하는 과정에서 새로운 지식과 머릿속의 지식이 합쳐져서 진정한 공부의 신이 된다. 결국, 독서의 신이 공부의 신이다."

모든 학습은 읽기를 통해 이루어진다. 독서를 통해 배경 지식을 넓히면 새로 접하는 정보에 대한 이해가 빨라진다. 글을 읽고 이해하는 문해력 향상도 공부를 잘하게 만드는 최고의 비법이다.

책 읽기가 습관으로 잡혀 있는 아이들은 매일 책을 읽는다. 학습 능력을 갖추기 이전에 기초를 만들어주는 작업이 책 읽기다. 책을 통해 매일매일 새로운 지식을 배우고 익힌다.

'천재는 노력하는 사람을 이길 수 없고, 노력하는 사람은 즐기는 사람을 이길 수 없다.'라고 했다. 매일 독서로 즐기면서 하는 공부를 억지로 하는 사람과 비교할 수 있을까?

중학교 들어가면 시험 외에도 글쓰기, 토론, 발표 같은 다양한 활동을 통해 수행 평가가 이루어진다. 초등학교 때 책 읽기 없이 중학교에 가서 저런 활동들이 뚝딱 해결될 수가 있을까?

초등 시기에 읽어두었던 많은 책이 배경 지식이 되고 생각하는 힘을 길러준다. 게다가 표현력이 풍부해져 글을 쓰고 토론하면서 자기 생각을 발표하는 것을 어렵지 않게 할 수 있게 된다.

책을 읽은 아이들이 중학교, 고등학교 가서도 여러 방면으로 두각을 나타내며 그야말로 학습의 황금기를 맞이하게 된다.

3장

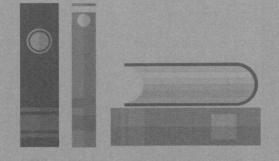

내 아이
독서 환경
만들기

가장 멋진
거실 인테리어, 책장!

넓고 푹신한 6인용 소파, 액자처럼 크고 선명한 고화질 TV, TV 옆에 길게 세워진 영화관 같은 스테레오를 느낄 수 있는 스피커. 나는 이렇게 꾸며진 거실을 사랑한다. 거기에 금박 테두리가 우아하게 둘린 커피잔에 잡지가 올려 있는 테이블을 생각만 해도 여유가 넘쳐 흐른다.

반면 우리 집 거실엔 커다란 TV도, 푹신한 소파도, 잡지가 있는 작고 예쁜 테이블도 없다. 벽 한쪽을 책으로 꽉 채운 책장과 6인용 널찍한 테이블만 거실 한가운데를 차지하고 있다.

비스듬히 기대어 팔베개 베고 드러누울 공간도 없다. 눕고 싶으면 침실로 가야 하고 거실에 있으면 딱딱한 테이블 의자에 앉을 수밖에 없다. 하지만 이 불편함 속에서도 가족들이 온종일 거실을 떠나지 않는다. 우리 가족이 가장 사랑하는 공간이 거실이다.

우리 집에도 결혼할 때 산 커다란 TV가 있었다. 아이가 여섯 살 때까지만 해도 우리와 함께했다. 그때는 아이에게 되도록 TV를 보여주지 않으려고 했다. 신랑도 TV를 자주 보지 않았고 나도 그다지 좋아하는 편이 아니었다. 솔직히 말하면 자주 보지 않았다고 생각했다. 그런데 TV를 없애고 나서야 우리가 얼마나 자주 보았는지 체감했다.

아이가 아침 먹고 옷 입고 등원 준비 하면서 EBS TV 〈뿡뿡이〉를 보았고 일요일 아침이면 가족 모두가 좋아하는 영화를 소개해주는 프로그램을 보았다. 신랑은 가끔 아이와 내가 잠든 새벽에 유럽에서 열리는 축구 경기를 실시간으로 시청했다. 나는 아이 등원시키고 TV를 켜서 청소하면서 오며 가며 보았다. 커피 한잔하며 무심코 TV를 켜기도 했다. 어쩌다 드라마를 보다가 빠져서 한 편을 다 본 적도 있다. 다 함께 TV를 시청하는 것은 주말 오전 잠깐 정도였는데 각자는 조금씩 조금씩 하며 꽤 많은 시간을 보았던 것이다.

그런 TV가 우리 집에서 영원히 사라지는 계기가 있었다. 이사 오기 며칠 전 신랑과 이야기하다 아이가 초등학교 입학하면 TV를 없애고 싶다는 의견이 나왔다.

그런데, 아직 쓸 만한 TV를 없애기는 아깝다는 생각이 들어 이사 가서 안방에 두자고 결정을 했다. 한편으론 정말 TV를 없애지 못하는 우리의 의지를 탓했다. 꼭 안방에 잠깐 두었다가 빠른 기간 내에 없애자고 다짐했다.

신이 우리의 대화를 엿듣고 있었던 것일까? 정말 어이없게도 이사 가기 하루 전에 TV가 딱 고장이 났다. 평소 같았으면 수리 비용 때문에 속상해하고 이참에 새것을 사야 하나 고민하면서 돈 들어갈 일에 화가 났을 것이다. 그런데 신랑이랑 나는 서로 얼굴을 마주 보고 회심의 미소를 지었다. 우리가 못 없애는 TV를 저절로 없애주니 이참에 잘됐다고 생각한 것이다. 얼마나 속이 시원했는지 말도 못 한다.

난 나의 의지를 믿지 못했다. 이사해도 안방에 자리 잡은 TV는 지금까지 우리와 함께했을 것이다.

내가 살면서 가장 잘한 일 세 가지가 있다면 우리 신랑과 결혼한 것, 예쁜 아이를 낳은 것, 그리고 내 인생에서 TV를 없앤 것이다. 장담한다. TV를 없애면 새로운 인생이 열리고 새로운 보물을 발견할 수 있다. 물론 TV가 없다고 스마트폰으로 시청하면 별다른 변화가 없겠지만 말이다.

TV를 없앤 대신 그 자리에 원래 있던 책장에 하나를 더해 책장으로 벽을 도배해버렸다. 책 욕심이 많아지다 보니 그것도 모자라 아이 방엔 4면으로 돌아가는 회전 책장을 두고 거기에도 책으로 가득 채웠다.

거실 한가운데를 차지한 테이블은 우리 가족이 간식도 먹고 책도 읽고 이야기도 하는 공간이다. 그냥 온종일 그곳에서 생활한다고 보는 게 맞다. 아이도 자기 방을 놔두고 거실 테이블에서 엄마와 함께 책 보고 그림 그리고 노는 걸 더 좋아한다.

요즘은 학교 수업도 거실에서 화상으로 하니 나도 옆에서 저절로 같이 듣게 된다. 그래서 아이가 요즘 무얼 배우는지 한눈에 알게 되었다. 정말 요즘은 거실 테이블이 열일하는 중이다.

아이가 수업이 끝나고 잘 모르는 부분은 함께 공부하기도 한다. 학교 다닐 때는 교과서를 사물함에 놓고 오니 그날 뭘 배웠는지 또 배운 것은 잘 이해하고 있는지 사실 잘 몰랐다. 그저 가끔 단원평가 본 것으로 잘하고 있을 거라고 믿었다. 학년이 올라갈수록 필요한 자료도 같이 찾아보면서 공부하니까 아이도 좋아하고 나도 함께하는 것이 즐겁다.

본인의 기억력과 의지를 믿는가? 절대 믿지 말라고 하고 싶다. 인간의 뇌는 편한 걸 좋아하게 되어 있고 변화를 싫어하게 되어 있다. 우리 가족도 처음 이사 온 날 집에 TV 소리 없는 적막함에 어색해했고 밥을 먹을 때는 숟가락 달그락거리는 소리가 무척 크게 느껴졌다. 아이도 책 읽고 잘 놀다가도 문득 허전하다고 했다.

그런데 그렇게 2년이 지나고 3년이 되니 'TV'라는 말 자체가 가족들 입에서 나오질 않는다. 만일 내 의지를 믿고 있었다면 아마도 지금의 고요하고 평화로운 거실의 모습은 없을 것이다.

아이들은 심심하면 '뭐 할 거 없나?' 하고 두리번거리게 되어 있다. 우리 아이도 심심해 죽겠으면 할 게 없으니 등 뒤에 병풍처럼 펼쳐진 책장에서 책 한 권 꺼내 와 읽는다. 신랑과 나도 커피 한잔 내려서 같이 책 읽다가 재미있는 부분을 발견하면 셋이서 깔깔거리며 웃고 떠든다.

너무 적막하다 싶으면 FM 라디오를 작게 틀어놓기도 하는데 책을 읽을 땐 잔잔한 피아노곡을 틀어놓는다. 거실 인테리어가 명품이 아니라 분위기가 명품이 되어간다. 내가 우리 집에서 가장 사랑하는 공간이다.

우리 집에 오면 손님도 변한다. 가족들이 놀러와도 어색함을 없애줄 TV가 없으니 있는 얘기 없는 얘기 꺼내게 된다. 소파에 한 방향으로 앉아 TV를 보는 게 아니라 서로 마주 보고 차를 마시며 이야기를 하게 된다. 그리고 시간이 아주 길다는 것도 새삼 느끼게 된다.

가족들이 만나도 TV 프로 하나 보고 나면 시간이 훌쩍 지나서 갈 시간이 다 되는데 마주 보고 있으면 많은 이야기를 해도 시간이 차고 넘친다.

가끔 책장 대신 TV가 놓여 있는 모습을 상상해본다. 아마 우리 부부는 말할 기회도 없이 TV를 보며 저녁을 먹다가 아이랑 조금 놀아주고 잠자기 바빴을 것이다.

아이도 주말에 심심해서 못 견디면 TV를 보게 되었을 거고 요즘 또래 친구들 사이에 유행하는 모든 것을 섭렵했을 것이다. 그리고 내 입에서 잔소리가 그칠 날이 없고 내 이마엔 川(내 천) 자가 훈장처럼 새겨졌을 것 같다. 백번 생각해도 백만 번 잘한 일이다.

인간은 적응의 동물이다. 없이 살면 없이 살아진다. 아이가 몸이 비비 꼬이고 머리에 쥐가 나고 심심함에 발버둥 치다가도 어느덧 평화롭게 의자에 앉아 책에 몰입해 빠져 있는 모습을 보게 된다.

엄마도 그렇게 책을 읽는 아이 옆에서 멍하니 앉아 스마트폰을 할 수 없다. 아이만 커가는 게 아니라 엄마인 내가 더 크게 자라고 있다.

거실 창문으로 들어오는 햇살로 온몸을 샤워하며 둘이 마주 보고 앉아서 과일을 먹는다. 학교에서 있었던 이야기, 책에서 읽은 이야기를 하거나 같이 아빠 흉 좀 보다 보면 어느새 깔깔깔 웃음소리가 터져 나온다. 나도 이런 모습을 우리 집 거실에서 볼 수 있을 거라고는 몇 년 전엔 상상도 하지 못했다.

TV를 없애고 책장과 테이블을 놓는 것은 사실 아이보다 엄마, 아빠의 용기가 더 필요하다. TV를 켜는 것은 너무 간단하고 쉽지만 *끄기*까지는 더 큰 용기가 필요하다. 평생 TV를 보는 시간만큼 책을 읽었다면 엄마, 아빠는 세계적인 박사가 되고도 남았을 것이다.

아이는 보이는 대로 행동한다. TV가 아닌 책이 꽂혀 있는 책장을 바라보면 어느새 손에 책을 쥐고 있을 것이다.

그래도 못 믿는 사람이 있다면 아마도 실천해보지 않은 사람일 것이다. 실천이 필요한데 의지가 약하다면 언제든 메일을 보내길 바란다. TV 선을 자를 공구를 들고 직접 방문해 과감히 잘라드리겠다.

책 읽을 권리를
선택하게 하라

우리나라 헌법을 보면 우리는 인간으로서 당당히 누려야 할 국민의 기본적인 권리를 가지고 있음을 알 수 있다. 헌법 제10조에서 국민의 기본권을 보장하고 있다. 평등권, 자유권, 사회권, 청구권, 참정권, 이 다섯 가지 기본권을 가지고 있다. 그럼 책을 읽는데도 권리가 있을까?

프랑스의 소설가 다니엘 페나크는 『소설처럼』에서 다음과 같은 '독자의 열 가지 권리'를 이야기하고 있다.

1. 책을 읽지 않을 권리

2. 건너뛰며 읽을 권리

3. 책을 끝까지 읽지 않을 권리

4. 책을 다시 읽을 권리

5. 아무 책이나 읽을 권리

6. 마음대로 상상하며 빠져들 권리

7. 아무 데서나 읽을 권리

8. 군데군데 골라 읽을 권리

9. 소리 내어 읽을 권리

10. 읽고 나서 아무 말도 하지 않을 권리

우리 아이들도 책을 읽을 때 이렇게 열 가지나 되는 권리가 있다. 내가 아이의 책 읽는 모습을 보고 지적했던 일들을 이 독자의 권리를 알고 나서 얼마나 후회했는지 모른다. 지금 이 책을 읽는 분들은 적어도 우리 아이가 책을 읽을 때 이런 권리가 있음을 알고 책 읽는 법을 강요해서 아이가 영영 책을 멀리하는 일이 없도록 했으면 좋겠다.

언제부턴가 아이가 책을 읽는 데 건성으로 몇 페이지 '휘리릭' 넘기고 한 페이지 대충 읽고, 또 몇 페이지 건너뛰고 읽기를 반복했다. 옆에서 가만히 지켜보던 내가 한마디 했다.

"책을 뭐 그렇게 읽어? 읽지 않을 거면 읽지 말고 읽을 거면 제대로 읽어야지."

아이는 속상한 듯 울먹거리는 목소리로 말했다.

"나는 이렇게 읽어야 좋아. 먼저 중간중간 그림 보면서 어떤 일이 벌어진 건지 훑어보고 그다음에 다시 처음부터 읽어야 재미있다고."

나는 책을 읽을 때 이렇게 읽어본 적이 없어서 너무 당황했다. 어떻게 처음부터 물 흐르듯 읽지 않고 중간중간 읽어서 머릿속에 들어온다는 것인지 이해가 가지 않았다.

"그래? 엄마는 그렇게 읽어본 적이 없어서…. 그렇게 읽어도 괜찮은지 잘 모르겠네."

지금 생각해보면 아이는 이런 걸 가지고 고민하는 엄마가 이해가 안 되었을 것 같다. 자기가 읽고 싶은 대로 책을 읽으면 그만이지 무슨 방법 같은 것이 있냐고 생각했을 것이다.

나는 아이가 책을 대충 훑어보며 읽을 때 사건과 결과를 이미 알아버리면 처음부터 다시 읽어도 재미가 없을 것 같았다. 그런데 아이의 책 읽기 방법에는 내가 몰랐던 숨겨진 보물이 있었다.

대충 읽은 책을 처음으로 돌아가서 다시 읽기 시작하더니 아이는 입까지 크게 벌리고 놀라서 호들갑을 떨었다. 본인이 생각했던 대로 사건이 흘러가지 않았으며 자기가 생각한 등장인물의 성격도 다르다고 한다. 나는 그 말을 들으면서 다른 관점에서 놀라움을 느꼈다. 진정 '재미있는 책 읽기란 이런 것이구나.' 하고 생각했다.

상상하며 먼저 책을 읽고 다시 읽으면서 달라지는 사건과 예상을 빗나간 이야기에 빠져든다. 자신이 왜 그렇게 판단했는지를 다시 되짚어보면서 추측하는 법을 알아가는 것이다. 그러면서 겉으로 보이는 것으로 판단하지 않고 선입견을 품지 말아야겠다는 생각도 하게 된다. 아이 스스로 생각의 폭을 넓혀가고 있던 것이다.

책을 읽을 때 너무 잘 읽혀서 하루 만에도 다 읽게 되는 책이 있는 반면에 도무지 읽어도 읽어도 진도가 나가지 않는 책이 있다. 그런데 나는 책을 한 권 고르게 되면 재미가 있든 없든 끝까지 읽고 나서 책에 대해 좋았는지 나빴는지를 판단한다. 그런데 막상 그러고 나면 시간이 아까워진다. 가뜩이나 바쁜 시간에 짬을 내서 읽었는데 괜히 읽었다는 뒤늦은 후회가 밀려온다.

나와는 달리 아이는 처음 몇 페이지를 읽다가 별로인 책은 그냥 덮고 만다. 어떤 책이든 다양하게 많이 읽었으면 좋겠다는 생각은 엄마들의 마음이다. 덮어버린 책을 보고 그래도 한 번 읽어보지 그랬냐고 아쉬운 마음을 표현해

봐도 본인이 좋아하는 스타일이 아니라고 한다.

또 어떤 책은 이야기는 재미있는데 그림이 싫어서 읽지 않기도 한다. 속으로는 엄선해서 도서관에 비치한 책을 어린아이가 '마음에 든다 안 든다' 하며 판단하는 것이 우스웠다.

점점 클수록 아이의 독서 취향이 확실해져갔다. 아이는 재미있게 읽었던 책의 작가를 외웠다가 검색해서 더 많은 책을 찾아서 읽기도 했다. 그림이 마음에 들면 그림 작가 이름을 검색해서 그림 하나만 보고도 책을 고르기도 했다.

그러다가 자기가 발견해낸 자신만의 책 고르기 방법이 있다고 한다. 이야기를 재미있게 썼던 작가가 그림을 그리는 일도 있는데 예상과 달리 그 책은 별로였다고 한다. 또 마음에 드는 그림을 그린 작가가 간혹 글을 쓰기도 했는데 이야기에는 감동이 없다고 한다. 역시 각자 잘하는 걸 하는 것이 최고의 책을 만든다고 한다. 아이는 재미있는 책을 스스로 골라 읽으면서 좋아하는 작가가 생기고 마음에 드는 그림이 생겼다.

책을 끝까지 읽지 않아도 된다는 것은 아이의 독서 취향을 존중해준다는 의미다. 아무리 좋은 책도 아이가 즐겁게 읽지 못한다면 억지로 끝까지 읽은들 아이의 머릿속에도 가슴에도 남지 못한다.

성인도 아무리 좋은 인문고전인들 좋아하지 않으면 읽기가 힘들다. 또 호기심에 고른 책이라 하더라도 막상 읽다 보면 자신의 예상과 다른 책일 때도 있다. 참고 끝까지 읽어보겠다고 붙들고 있자니 여간 힘이 드는 것이 아니다. 그러느니 얼른 다른 책을 골라 읽는 것이 훨씬 행복한 시간이 될 것 같다.

초등학교에 들어가면 아이들이 독서록을 쓰게 된다. 1~2학년 때는 책이 얇고 그림이 많아서 하루에도 몇 권씩 읽고 쓸 수 있다. 그런데 3학년이 되고부터는 읽는 책들이 조금 두꺼워지고 그림도 많이 없다. 대신 이야기가 조금 복잡해지고 등장인물도 많이 나온다. 감정선도 조금 섬세하게 묘사되어 있다.

아이가 한 권을 다 읽고 덮는 모습을 보면 같이 뿌듯해져서 독서록에 기록해두면 어떻겠냐고 슬쩍 권해본다. 그러면서 어떤 내용이었는지 뭐가 재미있었는지 꼬치꼬치 물어볼 때가 있다. 아이는 건성으로 그냥 "재미있었어." 하고 끝이다. 그러면 '책을 제대로 읽지 않은 건가?' 하는 생각이 들기도 하고 '기왕에 읽은 거면 독서록이라도 한 장 쓰면 좋을 텐데…' 하는 아쉬움이 든다.

나는 기억력이 그다지 좋지 않아서 읽은 책을 기록해두지 않으면 읽었던 책을 또 빌릴 때도 있다. 절반쯤 읽고 나서야 읽었던 기억이 떠오르는 우스운 상황도 생긴다.

아이가 독서록에 기록해두고 싶은 책은 진심으로 그 책에 감정이입이 되었던 책이다. 책을 읽고 가슴 깊이 깨달은 점이 있거나 주인공과 공감해서 속이

상하거나 하면 그 감정을 고스란히 기록해두고 싶어 한다. 어쨌든 그냥 감동 없이 재미만 느낀 책은 독서록을 굳이 쓰고 싶어 하지 않는다. 아이에게도 책을 읽고 말하지 않을 권리, 쓰지 않을 권리가 있다는 것을 알았다.

아이들이 아직 어리다고 모든 판단이 미숙할 거라는 생각은 하지 말아야겠다. 책 읽는 습관을 기를 수 있도록 하는 것은 엄마가 도움을 주어야 하겠지만 책을 고르거나 읽는 방법은 아이에게 맡겨도 좋을 것 같다. 적어도 아이의 취향을 존중해주고 자유롭게 읽을 수 있도록 배려해준다면 책과 더욱 가까워지고 책 읽기를 즐거워할 것이다.

어른들의 시선으로 아이를 판단하고 책 읽는 법을 강요하지 말자. 아이 스스로 마음껏 편안하게 독서할 권리를 찾아주길 바란다.

여행은
도서관으로 가라

나는 도서관을 왜 이제야 사랑하게 되었을까? 후회되는 일들이 별로 없는 나인데도 도서관을 뒤늦게 사랑하게 된 것은 무척 후회된다.

고등학교 때 도서관을 자주 가긴 했다. 그런데 한 번도 책을 빌리거나 도서관에서 책을 읽어본 적이 없다. 주말에 친구들과 시립도서관에 있는 열람실에서 공부를 해보겠다고 갔을 뿐이다. 그래서 도서관 자료실은 어떻게 생겼는지 책은 얼마나 많은지 알지도 못했다.

그렇다고 내가 거기서 공부라도 열심히 했으면 지금 이렇게 부끄럽진 않겠다. 자판기에서 뽑아먹는 믹스커피와 매점에서 파는 잔치국수를 사 먹는 재미에 갔었다.

'그때 한 번이라도 서가에 책 구경이라도 가볼 걸…' 하는 후회가 밀려오지만, 그 시절에도 고등학생이 책을 읽는 모습은 보기 힘들었다. 다들 시험공부와 입시공부에 밀려 책을 읽을 여유는 없었기 때문이다.

예전이나 지금이나 고등학생이 책을 읽을 시간은 부족한가 보다. 그래도 조금 여유로운 초등 시기에 독서 습관을 들여야 한다는 생각에 힘을 실어주는 이유다.

그때 아마 서가 구경하러 갔더라도 책을 고르기는 했었을까 싶고 빌린들 읽었을까 싶기도 하다. 독서 습관이 안 잡혀 있던 내가 한 번 도서관을 간다고 해서 책과 가까워지지는 않았을 것이다.

도서관을 간 이유가 커피였든 국수였든 주말이면 그냥 도서관으로 가는 것이 습관이 되어서였다. 도서관을 습관처럼 가다 보면 그냥 집처럼 익숙해진다. 책을 읽는 것은 그다음 일이다.

이사 온 동네에는 집에서 아이가 다니는 초등학교에 가는 길 중간에 시립 도서관이 있다. 학교 갈 때도 도서관을 지나쳐가고 집으로 올 때도 지나쳐온다. 1학년 때 학교를 데려다주면서 도서관 가는 걸 습관으로 만들어야겠다고 생각했다.

집으로 돌아오는 길에 도서관에 잠깐 들렀다 가자고 했다. 처음이라서 호기심에 같이 잘 따라나섰다. 먼저 내 책을 고르러 갔다가 아동도서가 있는 1층으로 갔다. 몇 권 호기심을 보이더니 한두 권 빌리고 집에 가자고 했다. 어차피 처음부터 몇 시간씩 책 읽기를 기대한 것이 아니라서 책 몇 권 빌리고 집으로 돌아왔다. 다음 날도 그다음 날도 집으로 오는 길에는 꼭 도서관에 들렀다. 그냥 점찍고 오듯이 들렀다. 어떤 날은 그냥 집으로 가고 싶어 했다.

어떻게든 도서관을 들렀다가 집에 가는 습관을 들이고 싶어서 학교에 아이를 데리러 갈 때 간식을 챙겨가기 시작했다. 그리고는 집에 오는 길에 쉬었다 가자며 도서관 옥상 휴게실로 갔다. 어리둥절한 아이에게 간단한 떡이랑 과일을 도시락에 예쁘게 싸온 걸 보여줬더니 너무 좋아했다. 자판기에서 음료수 하나씩 뽑아서 간식 도시락 먹으며 학교에서 있었던 일도 이야기하고 알림장도 보면서 준비물도 확인했다.

그렇게 처음엔 잠깐 책만 대출하러 지나쳐갔고 그다음엔 간식 도시락을 먹으러 도서관을 갔다. 그렇게 몇 번을 다니더니 어느새 아이는 도서관에서 책을 읽는 시간이 더 길어졌다.

절대 도서관은 억지로 끌고 가면 안 된다. 아이가 좋아하는 것을 도서관에 갔다가 오는 길에 하면 좋은 놀이터처럼 여길 수 있다. 갔다 오는 길에 아이가 좋아하는 아이스크림이나 분식을 사 먹어도 좋고 문구점에 들러도 좋다.

아이가 책과 가깝게 지내면서 자연스럽게 생활에 스며들 수 있도록 도와주는 것까지만 엄마의 몫이다. 그 방법 중 최고는 단연코 도서관에 자주 가는 것이다.

더운 여름날 춘천 여행을 떠났다. 소양강 스카이워크에 가면서 추억의 〈소양강 처녀〉 노래를 들려주었더니 아이는 처음 듣는 노래가 어색한지 피식 웃는다. 내가 중고등학교 시절엔 체육대회 응원곡으로 지겹도록 듣고 부르던 노래였는데 말이다. 소양강 처녀에 대해 이런저런 얘기를 하며 목적지에 도착했다.

요즘은 여행지마다 시설들이 편리하게 잘되어 있어서 아이와 여행하기에 불편함이 없다. 유리로 된 바닥 아래로 깊은 강이 내려다보이는데 나는 너무 무서워서 한 발짝 떼기도 무서웠다.

어렸을 때는 겁이 없었던 것 같은데 나이가 들면서 겁이 많아진다. 철근 구조물만 밟으며 걷는 엄마를 유리 한가운데로 자꾸 이끈다. 그럴 때마다 눈을 질끈 감는다. 눈을 감는다고 안전이 보장되는 것도 아닌데 본능적으로 눈을 감게 된다.

춘천에 있는 중도 물레길에서 해 질 무렵에 카약을 타면 그렇게 경치가 좋다고 해서 예약을 해두었다. 저녁까지 무얼 할까 하다가 한낮에 내리쬐는 뜨거운 햇살을 피해 우리는 관광지가 아닌 춘천시립도서관으로 향했다. 매일 가는 동네 도서관이 아닌 여행지에서 가는 새로운 도서관 방문은 마음을 설레게 한다.

자주 가지도 못하는 여행이라고 한 번 갈 때 빡빡한 일정으로 계획을 세운다면 절대 도서관을 갈 수 없다. 어렵게 계획한 여행을 도서관에서 한가롭게 시간을 보내면서 소중한 하루를 보낼 수는 없기 때문이다. 하지만 아이와의 여행은 많은 곳을 보는 것이 중요한 게 아니라 새로운 곳에서 가족과 무엇을 경험하고 느끼는지가 더 중요하다.

춘천시립도서관으로 간 우리는 처음 간 도서관을 이곳저곳 둘러보며 낯설고 어색한 마음을 극복하고 있었다. 아이는 벌써 어린이 도서관에서 동굴처럼 생긴 자신만의 아지트를 발견하고는 책 한 권을 다 읽을 때까지 나오지도 않는다. 여행을 왔다는 사실을 잊고 동네 도서관에서 책을 읽듯 그렇게 몇 시간을 도서관에서 여유롭게 보냈다. 책이 있다는 사실은 같지만 처음 가는 도서관은 새로운 여행지 중 하나로 느껴진다.

매일 가는 동네 도서관이 가끔 익숙해졌다면 꼭 다른 도서관으로 가보길 권한다. 같은 음식도 여행지에서 먹는 맛이 다르게 느껴지듯이 매일 읽는 책도 다른 장소에서 읽으면 느낌이 다르다.

계획한 대로 생각만큼 완벽한 여행이 되기는 쉽지 않다. 아이와 오래도록 기억에 남는 여행은 비싼 입장료를 내고 간 워터파크나 키즈파크가 아니었다. 여행 중에 갑자기 비바람이 불어서 머리부터 신발까지 홀딱 젖어서 비닐을 깔고 차를 탔던 경험들이다. 어쩔 수 없이 겪게 되는 이런 경험들은 가족끼리 잊을 수 없는 추억거리가 된다.

더운 여름날 동해에 갔다가 별다른 생각 없이 벽화를 보며 논담 길을 걸어 올라갔다. 끝이 없는 오르막길 중간에서 내려오지도 못하고 땀범벅이 되어서 묵호등대에 도착했다. 올라와서 경치를 감상도 하기 전에 다시 내려갈 생각을 하니 다리에 힘이 빠졌다. 벤치에 앉아 멀리서 불어오는 시원한 바닷바람에 땀이 식으니 조금 전의 고통은 까마득히 잊혔다.

묵호등대에서 1년 후 받아보는 엽서에 그날의 생생한 느낌을 적어서 보냈다. 정말 1년이 지난 후에 집으로 보내온 엽서에는 그날의 힘들었던 기억과 시원한 바닷바람까지 같이 실려 있었다. 여행은 눈으로 기억되는 것이 아니라 가슴으로 기억되는 것 같다.

제주도로 여행을 갔을 때 에메랄드 빛깔의 바닷가 모래사장을 한가롭게 걸으며 여유를 만끽했다. 친정이 제주도라서 일반 여행객처럼 제주도에 머물러본 적이 별로 없다. 그냥 친정집이 있는 동네 주변을 산책하거나 시장 구경을 다니며 쉬다가 온다.

한번은 제주에서 오랜 친구와 만날 약속이 있어서 남편과 아이만 친정집에 두고 외출하게 되었다. 낯선 곳에서 둘이서만 무얼 하며 보냈을지 걱정되어 서둘러 돌아왔다. 내 걱정과는 달리 버스를 타고 제주 시내에 있는 도서관을 다녀왔다고 한다.

아이는 동네 도서관과 비치되어 있는 책도 비슷하고 이용하는 아이들도 비슷한 또래인데도 여행지에서 가는 도서관은 색다르다고 한다. 그냥 책을 읽는 곳이 아니라 새로운 곳을 경험하는 특별한 곳이 된다.

아이들은 학교에 들어가면 친구를 자연스럽게 사귄다. 어릴 적엔 엄마의 인간관계로 어쩔 수 없이 친구가 되기도 하지만 학교에 들어가면 아이들은 함께 놀 친구를 스스로 선택한다. 학교라는 공간이 익숙해지면서 자주 보게 되는 친구와도 가까워지는 것이다.

하지만 책과 스스로 친구가 되기는 힘들다. 부모가 책과 가깝게 지낼 수 있도록 소개를 해주어야 한다. 책을 가장 쉽고 가깝게 만날 수 있는 곳은 도서관이다. 자꾸 친구를 만나러 가듯 편안하게 도서관을 가기 시작하면 낯설었던 곳도 익숙해지고 책과 친구가 되기도 쉬워진다. 지금 당장 도서관으로 간다면 한 권이 아니라 도서관에 있는 책 모두가 아이의 친구가 될 수 있다.

04

아이와 함께
아이 책 읽기

아이와 자주 가는 도서관 1층에는 어린이자료실이 있고 2층에는 종합자료실이 있다. 나는 주로 1층에서 아이와 함께 책을 읽는다. 아이와 나란히 앉아 책을 읽다 보면 나처럼 아이와 함께 책을 읽는 엄마들이 몇 명 있다. 나는 2층에서 대출해온 내 책을 읽고 있는데 옆에 앉은 엄마는 어린이 책을 읽고 있었다. 그 모습이 조금 낯설었다.

사실 나는 이제 어린이 책은 정말 읽기가 싫다. 아이가 어렸을 땐 같은 동화책을 수십 번이나 지겹도록 읽어줬다. 지금도 가끔 아이가 읽어 달라고 책을 가지고 오면 글밥이 꽤 되는 책을 대여섯 페이지를 읽어준다. 내 책 읽을 시간도 없는데 아이 책을 읽고 있으면 자꾸 시계를 보게 된다. 그런데 옆의 엄마가 읽는 책을 보니 어린이 역사책을 진지하게 읽고 있었다. 너무 대단하다는 생각이 들었다.

잠자기 전에 아이와 나란히 누워서 각자 책을 읽다 보면 가끔 아이가 읽어달라고 할 때가 있다. 물론 기꺼이 읽어준다. 그런데 이상하게 아이 책을 읽어주다 보면 졸음이 쏟아진다.

안 졸린 척 책을 읽고 있는데 아이가 박수를 '딱' 하고 친다. 깜짝 놀라 눈을 크게 뜨면 내가 졸면서 같은 줄을 반복해서 읽고 있었던 것을 깨닫게 된다. 다시 눈을 비비며 정신을 차리고 읽어주다가 다시 졸음이 쏟아진다. 그럼 실망한 아이가 본인이 직접 읽겠다며 책을 채간다.

왜 아이 책만 읽어주면 잠이 쏟아질까 생각해봤다. 그건 아이 책을 진심으로 읽고 있는 게 아니어서 그랬다. 읽어주어야 한다는 책임감에 말 그대로 글자만 읽고 있었다. 아이와 내용을 공감하면서 함께 읽는 것이 아니라 오디오북처럼 글자만 읽어준 것이다.

아이도 진심으로 공감하고 즐기며 읽고 있는 것인지 싫은 걸 억지로 읽고 있는 것인지 다 안다. 너무 미안해서 한 장을 읽어줘도 진심으로 읽어줘야겠다고 생각했다.

가끔 아이가 흥분해서 "엄마 이거 한번 읽어봐." 할 때가 있다. 본인이 읽고 너무 재미있거나 새롭고 놀라운 사실을 발견했을 때 책을 권한다.

하루는 도서관에서 '승민이의 일기' 시리즈를 발견하고는 재미있겠다며 빌려왔다. 제목도 딱 초등학생 아이에게 흥미가 생길 만한 『맘대로 되는 일이 하나도 없어』였다. 한참을 읽더니 배를 잡고 깔깔깔 웃는다. 옆에서 보다가 멈추지 않고 계속 웃길래 하도 궁금해서 슬쩍 보았다. 읽어보라며 나에게 건네기에 한번 읽어보았다. 그런데 너무 재미있어서 몇 페이지를 계속 읽게 되었다. 그렇게 그날부터 우리 둘은 승민이의 팬이 되어버렸다.

저녁을 먹으면서 승민이 이야기를 계속 이어나갔다. 승민이는 왜 그러냐는 둥, 진짜 속상했겠다는 둥, 둘이서 조잘거리며 떠들며 밥을 먹었다. 한참을 떠들고 있으니 대화에 끼지 못한 아빠는 도대체 승민이가 누구냐고 물었다. 같은 책을 읽었다는 것만으로도 공감대가 형성되고 할 말이 무척 많아진다.

아이는 엄마도 같이 흥분하며 주인공 이야기를 할 때 책이 아닌 자신을 이해해 주는 느낌이 드는 것 같다. 어른들도 같은 영화를 보거나 같은 경험을 이야기하다 보면 더욱 공감하는 것을 느낄 수 있다.

아이가 읽고 있는 책에 엄마가 관심이 없으면 아이가 어떤 분야를 좋아하는지 알 수가 없다. 그러면 아이가 책을 읽어보려고 노력해도 책 고르기가 힘이 들고 엄마도 어떤 책을 권해주어야 할지 선뜻 감이 오지 않는다. 처음부터 같이 책 고르기를 하다 보면 어느 정도의 글밥이 아이에게 적당한지 어떤 이야기에 흥미를 보이는지 알 수 있다.

'요시타게 신스케'라는 작가를 아이가 어릴 때 둘이 같이 그림책을 고르다가 우연히 알게 되어 팬이 되었다. 그러다 보니 이 작가의 새로운 책이 나오면 내가 사주기도 하고 도서관에서 발견해주면 너무 좋아했다. 또 '천미진' 작가의 그림책도 둘이 찾아낸 보물이다. 그렇게 한 명씩 좋아하는 작가가 생기고 그 작가의 신간이 나오면 설레는 마음으로 책을 사러 가기도 했다.

지금은 어린이 문고로 넘어가서 '박현숙' 작가의 팬이 되어서 '수상한 시리즈'에 빠져 있다. 너무 재미있다며 긴 글 책으로 넘어가는 데 큰 도움을 준 고마운 작가님이다.

긴 글 책으로 넘어가니 조금 복잡한 사고력을 요구하는 추리소설에도 관심을 가지기 시작했다.

아이와 함께 추리소설을 읽다 보면 목소리가 한껏 높아진다. 자기가 생각하는 사람이 범인이라고 서로 주장하느라 목소리가 커지다 못해 옆에서 듣던 아빠는 싸우는 줄 안다. 자기가 지목한 범인이 맞는 이유를 상대방에게 이해시키면서 다양한 추론 과정과 논리를 키우게 된다.

의문이 가는 점은 질문하면서 사고력도 깊어진다. 책 한 권을 같이 읽고 대화를 하면서 얻을 수 있는 게 너무 많다.

나의 학창 시절과 비교하면 부끄러워서 쥐구멍에 숨고 싶다. 다른 엄마들도 아마 본인의 어린 시절과 비교하면 아이들이 결코 부족하다고 말하지 못

할 것이다. 물론 우등생에 독서왕이었던 어머님께는 할 말 없지만 대부분 본인보다 무엇이든 더 많이 시키고 있음이 틀림없다.

아이는 여러 작가의 팬이 되었고 도서관에 가면 검색대에서 작가 이름을 검색해 스스로 읽고 싶은 책을 고르게 되었다. 그러면서 엄마와 꼭 함께 읽어 보고 싶어 한다. 이번에 새로운 책이 나왔다며 들떠서 가져오기도 하고 엄청 재미있는 책을 발견했다며 보여주기도 한다.

"내가 봐도 재미있는데 너도 재미있지?"

"거기 너무 맛있지 않아? 거기서 이거 먹어봤어?"

"다음에 가면 꼭 먹어봐."

친구들끼리 만나서 수다를 떨 때 요즘 인기 있는 드라마나 유명한 맛집을 이야기하면서 서로 공감을 한다. 자기가 느낀 것을 상대도 함께 느끼고 공감하길 원하기 때문이다.

아이도 책을 통해 엄마와 공감하고 싶은 것이다. 책을 읽으면서 같은 생각을 할 수도 있지만 읽다 보면 아이와 내가 반대로 느꼈을 때도 있다. 나는 엄마고 아이는 주인공 입장일 때가 그렇다. 그렇게 아이 책을 같이 읽으면서 아이의 생각도 알 수 있고 반대로 엄마의 입장도 말할 수 있어서 서로 이해하게 된다.

어릴 때는 아이에게 책을 계속 읽어주다가 아이가 읽기 독립이 되고 나서는 책을 읽어주지 않는 엄마들이 있다. 사실 나도 몇 년을 읽어주다가 아이가 '읽기 독립'이 되던 날을 잊을 수가 없다. 그날은 나에게 '읽기 해방'이 된 날이었다. 정말 깃발이라도 있으면 들고 뛰쳐나가 '읽기 독립 만세!'를 부르며 내달리고 싶었다.

한참을 아이도 혼자 읽기에 빠져서 책을 읽어달라고 가져오지 않았다. 여유롭게 내 책을 읽다가 잠이 들었다. 그러더니 초등학교 2학년이 되니 책을 읽어달라며 가져올 때가 있었다. 기껏 읽기 독립을 어렵게 시켜놓았는데 다시 읽어달라고 하니 속상했지만 읽어주었다.

아이는 읽을 수 없어서 가져오는 것이 아니다. 엄마 옆에서 엄마 목소리를 들으며 함께 이야기를 나누고 싶은 것이다. 책 읽어주기는 끝이 없다. 언제까지 읽어줘야 하냐고 묻는다면 "아이가 읽어달라고 할 때까지."라고 말하고 싶다.

이스라엘에 있는 '예시바'라는 도서관에서는 우리나라의 도서관에서는 상상도 할 수 없는 풍경을 볼 수 있다. 우리나라 재래시장만큼이나 떠들썩하게 시끄럽기 때문이다. 볼펜을 딸깍거리는 소리, 의자 끄는 소리까지 시끄럽다고 느껴지는 우리나라 도서관과는 정반대다.

그곳에선 유대인들이 두세 사람씩 마주 보고 탈무드를 공부하고 서로 책을 읽고 질문하며 토론한다. 혼자 하는 공부가 아닌 서로 질문을 통해 사고를 확장시키고 깊이 있는 생각을 하도록 한다.

아이와 함께 책을 읽으면 질문을 통해 상대의 생각을 듣게 되고 자신의 의견을 이해시키기 위해 노력을 하게 된다. 그러면서 서로 다른 생각을 존중하고 상대의 마음을 이해해간다. 아이도 엄마도 책을 통해 서로 공감하며 위로받는다.

오늘부터라도 아이와 함께 책 속의 주인공이 되어 같이 고민을 해결하고 즐거움을 만끽해보면 어떨까 싶다. 분명 아이는 엄마가 자신의 편이 되어 함께 책 속으로 빠져들어가는 것을 너무나도 기뻐할 것이다.

여행 가방에도
책을 넣어라

코로나19가 가져온 일상은 많은 변화를 가져왔다. 마스크 착용은 필수가 아닌 생존이 되었고 아이들은 안고 다니는 인형에도 마스크를 씌우는 게 익숙해졌다.

외식이 힘들어지니 저녁 시간이 다가오면 아파트 입구마다 배달 오토바이들이 지나다니고 재활용 수거함엔 플라스틱 쓰레기가 넘친다. 실내 체험 활동은 금지가 되었고 가까운 지인들도 만남을 미루다 보니 얼굴을 본 지가 1년도 넘어간다. 가장 상상하지 못했던 일은 아이들이 정상 등교를 못 한다는 것이다. 그런 생활이 1년을 넘어 2년이 되어간다.

그러다 보니 여행을 다닌 지가 얼마나 오래되었는지 기억도 희미하다. 지나간 사진들과 동영상을 보며 추억을 먹고산다. 여행을 좋아했던 우리 가족은 요즘 제일 우울한 시기를 보내고 있다. 지난 사진들을 보면서 그때는 아이가 많이 컸다고 느꼈는데 지금 사진으로 보니 어린 아기다. 오래되었지만 사진을 보니 장소 하나하나가 다 기억이 난다. 정말 열심히 다녔다.

여행 갈 때마다 주변에서 다들 아이가 크면 기억을 못 한다며 어릴 때는 좋은 데 가봐야 소용없다는 말을 했다. 하지만 아이는 기억으로 남기기보다는 온몸으로 보고 느끼고 뇌에 저장한다.

기억은 희미해지지만, 그곳의 좋았던 느낌을 몸이 기억하기에 커서 다시 가면 새록새록 기억이 솟아난다. 여행을 가끔 다니면서 거창하게 계획을 세우면 피곤하고 힘들기 마련이다. 그래서 어린아이를 데리고 여행을 한번 갔다 오면 힘든 기억이 더 많다.

나는 어린아이를 데리고 여행을 갈 땐 무조건 새벽에 출발한다. 운전하는 사람도 길이 막히지 않아서 덜 피곤하고 무엇보다 아이가 자는 시간에 이동하니 도착하면 컨디션이 좋다.

아이를 입고 자던 잠옷 그대로 얇은 이불로 감싸 안고 신발도 신기지 않은 채 차에 태우고 출발한다. 이동하다 아이가 깨면 휴게소에 들러 옷을 갈아입히고 그때부터 진정한 여행이 시작된다.

여행 출발 전날 짐을 쌀 때 꼭 여행 가방에 동화책 한두 권을 넣고 싼다. 그리고 들고 다니는 가방에도 한두 권 넣고 다닌다. 여행지에서 잠을 잘 때도 매일 밤 집에서처럼 책을 읽어줘야 잠을 잤던 아이 때문이다. 그리고 여행하다가 식당에서 음식을 기다리는 중간에 책을 읽어주기도 했다.

아이가 어릴 때 여행은 집을 떠나도 일상에서 크게 벗어난 일정이 아니어야 한다. 아이가 자는 시간에 출발하고 일어났을 때 활동하고 다시 낮잠 잘 시간에 이동한다. 낮잠 자다가 목적지 주차장에 도착했을 땐 아이가 충분히 자도록 차를 세우고 우리도 쉬면서 깰 때까지 기다려주었다. 그렇게 몸 상태가 최상인 아이는 여행하면서 칭얼거릴 이유가 없다.

여행이라고 아이의 활동시간을 무시하면 좋은 곳을 어렵게 방문하고도 짜증 내는 아이 때문에 진땀이 나고 속이 상한다. 아이를 달래느라 힘이 빠진 부모들은 밥 먹을 때라도 편하게 쉬고 싶어서 태블릿 PC로 영상을 보여주게 된다. 아이가 영상을 보며 조용히 있는 것 같지만 피곤이 극에 달한 아이는 뇌가 더 자극받아 영상을 끄는 순간 더 크게 짜증을 내기 시작한다. 기껏 힘들게 쉬어야 할 휴일에 큰마음 먹고 여행을 나선 게 후회되기 시작하면서 어른들도 화가 난다.

한번 여행이 힘들었던 기억으로 남으면 다시 가기가 힘들어진다. 그래서 아이가 어렸을 땐 여행보다는 그냥 실내 놀이터나 가고 엄마, 아빠가 편한 장소만 가게 된다.

아이가 조금 커서 많이 가야지 하지만 크면 학원 다니느라 시간이 없고 더 크면 이제 부모님과 여행을 가지 않으려고 한다. 집에서 게임 하고 친구들 만나 노는 게 더 좋아진다.

여행을 쉽고 가볍게 자주 떠나서 아이에게 직접 자연을 보여주고 몸으로 느끼게 해주면 좋겠다. 일상과 비슷한 일정이지만 환경은 집과 다르다.

가끔 한번 가는 여행이라면 욕심을 내서 많은 것을 보고 체험하고 싶어진다. 그러면 무리해서 움직이고 바쁘게 이동하니 나도 피곤하고 아이도 짜증이 난다. 자주 여행을 계획하면 이번 여행에서 다 즐기지 못해도 아쉽기보다는 다음을 계획하며 그곳이 더 멋진 곳으로 기억된다.

경제적으로 넉넉하지 않아 여행을 자주 못 간다고 할 수도 있다. 나도 넉넉하게 여유가 있어서 여행을 다닌 것은 아니었다. 비싼 교구를 안 사고 어릴 때 학습지를 시키거나 비싼 전집을 사거나 하지 않았다. 그래서 아이에게 들어가는 돈이라고는 먹는 걸 빼면 여행이 제일 컸다.

여행도 집을 떠나는 환경만 달라졌을 뿐 일상과 크게 다름이 없었다. 여행지까지 가서 실내 놀이터나 비싼 테마파크 같은 곳을 가지는 않았다. 자연과 함께할 수 있는 여행지 위주로 다니거나 그 지역 박물관을 다녔다.

그런 여행이 익숙한 아이는 바닷가를 가면 온종일 모래 놀이만 할 때도 있고 박물관을 몇 시간이고 돌아다닐 때도 있었다. 그 지역 도서관에 가서 책을 읽으면서 반나절을 쉬기도 했다.

156

지금 아이에게 물어보면 기억에 남는 곳들은 비싸게 입장권을 구매해 들어갔던 놀이 시설이 아니라 아빠와 조개껍질 줍던 바닷가나 처음으로 도롱뇽 알을 보았던 계곡이다. 그리고 근사했던 숙소가 아니라 엄마, 아빠와 같이 밤마실 갔던 숙소 근처 산책길이다. 아이들은 장소보다 함께 무언가 체험하며 온몸으로 느꼈던 감정을 기억한다.

오히려 조금 커가면서 체험 활동을 많이 하게 되거나 편의시설이 잘 갖춰져 있는 숙소로 여행 갈 때가 많아졌다. 그렇지만 추억이 있고 몸이 기억하므로 커서도 어릴 때 가던 여행지를 좋아한다. 어릴 때는 박물관을 가서 분위기를 몸으로 느꼈다면 커서는 여러 배경 지식이 쌓여서 더 재미있고 할 수 있는 체험도 더 다양해졌다.

지금은 여행 전날 아이 스스로 자기 가방에 읽을 책과 챙기고 싶은 인형들을 한 아름 챙긴다. 책을 읽을 욕심에 읽든 못 읽든 많이도 챙겨간다. 굳이 적당히 챙기라고 잔소리하지 않는다. 본인이 많이 챙겨갔다가 다 읽지 못하고 다시 가져오기를 몇 번 반복하다 보면 민망해서 나중엔 적당히 챙긴다. 아이가 느끼고 생각할 때까지 기다려주면 된다.

여행지에 가면 산이나 바다, 그 지역 박물관, 도서관 외에 우리 가족이 꼭 가는 곳 중 하나는 경치가 좋은 카페이다. 물론 집 근처에도 좋은 카페는 많다. 하지만 여행지에서 식사 후에 풍경이 근사한 카페에서 차를 마시며 누리는 여유가 좋다.

빡빡한 일정으로 여행 계획을 세우면 느긋하게 차 마시면서 책을 읽을 여유는 없다. 바다나 박물관을 걸어 다니다 보면 지치고 쉬고 싶어진다. 그때 시원한 음료 한잔하면서 멋진 풍경을 앞에 두고 책을 읽다 보면 여유로움에 감사함을 느끼게 된다.

나도 예전엔 손바닥만 한 백에 핸드폰과 립스틱 하나 단출하게 넣고 여행을 떠나고 싶었다. 우아한 원피스를 입고 SNS용 근사한 사진도 찍고 싶었다. 하지만 그것보다는 몇 년째 디자인과 색깔만 바뀌는 서점에서 구매한 에코백을 사랑하게 되었다.

아이 책도 두세 권, 내 책도 한 권, 물티슈도 넣고 작은 수첩에 볼펜도 넣어야 한다. 코딱지만 한 작은 가방으로는 턱도 없다. 몇 년째 에코백과 운동화를 벗어나지 못하고 있다.

그래도 언제든 아이가 뛰면 같이 뛸 수 있고 필요한 것은 무엇이든 가방에서 꺼내면 된다. 이런 엄마의 가방을 아이는 마법의 가방이라고 한다.

시간을 일부러 내서 긴 시간 책을 읽는 것보다는 이동하다가 잠깐, 기다리면서 잠깐, 그렇게 습관이 되게 책을 읽는 것이 좋다.

아이들의 집중시간은 의외로 길지 않다. 항상 아이 가방에 책을 한 권 챙기도록 습관을 들이다 보면 언젠가 지루한 시간이 찾아왔을 때 강요하지 않아도 자연스럽게 책을 꺼내 읽게 된다.

우아한 원피스에 굽 높은 신발, 작은 핸드백은 나만의 시간을 가질 때 멋지
게 쓰면 된다. 가끔 친구들 만나러 갈 때나 지인들 만날 때, 또는 온전히 나를
드러내야 할 때 그땐 엄마가 아닌 나로서 당당해지자.

06

화장실은
책 들고 가야 하는 곳

화장실에 들어갈 때 핸드폰을 놓고 가게 한다면 아마도 오래 앉아 있지 못하고 빨리 나올 거라고 장담한다. 요즘은 화장실 갈 때 빈손으로 들어가는 사람은 없을 것 같다. 그러니 볼일이 있든 없든 오랜 시간 화장실에서 머문다.

문득 핸드폰이 없던 옛날엔 화장실에서 무슨 생각을 하며 있었는지 궁금해졌다. 생각해보니 우리 집에는 아빠가 읽던 신문과 오빠, 언니들이 읽었던 한국판 〈리더스 다이제스트〉라는 얇은 잡지가 있었던 것 같다. 그렇게 글자를 읽으면서 보냈던 시간을 이제는 핸드폰으로 영상을 보면서 오랜 시간을 보내고 있다.

화장실 휴지 걸이 아래에 두어 권 책을 꽂을 수 있는 공간이 있다. 거기에 신랑과 내가 자주 읽는 책 한 권, 아이 책 한 권을 항상 꽂아둔다. 물론 이렇게 꽂혀 있어도 들어갈 때 각자 읽던 책이나 다른 책을 들고 들어가기도 한다. 비상용으로 항상 비치해두는 것이다. 들어갔다가 생각지도 않게 오래 있게 되었을 때를 대비해서 말이다.

이쯤 되면 뭔 놈의 책을 화장실까지 지긋지긋하게도 갖다 놓는다고 생각할 수도 있다. 하지만 이 정도로 습관을 계속 몸에 배게 하지 않으면 순식간에 핸드폰에 빠지고 만다. 화장실에 들어갈 때 책을 들고 가면 나와서도 읽던 책을 조금이라도 더 읽을 확률이 높다. 핸드폰도 마찬가지다. 보던 영상이나 기사를 나와서도 끝까지 보고 나서야 끌 수 있게 된다.

좋은 습관을 들이기 위해서는 나쁜 습관을 버리면 된다. 하다못해 핸드폰만 두고 들어가도 다른 좋은 습관을 들일 가능성이 커진다. 이렇게 화장실 책 들고 가기를 하다 보니 아이는 이제 큰 볼일을 보러 갈 때면 엉덩이를 부여잡고 책장을 서성인다. 어떤 책을 골라서 가져가야 재미있게 오래 버틸 수 있는지 고민한다. 그 모습을 보고 있으면 절로 웃음이 나온다.

화장실에서 영감이 잘 떠오르고 집중이 잘된다는 사람들이 많다. 학창 시절에 시험 기간이면 영어 단어 몇 개 더 외워보겠다고 수첩을 들고 갔던 경험이 있다. 잘 외워졌는지는 모르겠지만 일단 매일 들고 들어가다 보니 습관적으로 가지고 들어가게는 되었다.

예전에 tvN 〈어쩌다 어른〉에 '공부의 신' 강성태 님이 출연했던 것을 본 적이 있다. 그때 고3 수험생을 위한 공부법에 대해 강연을 했다. 그중에서도 공부 습관을 들이는 방법에 대해 열띤 강연을 했다. 습관을 들이는 가장 확실한 방법은 매일 하는 행동 뒤에 원하는 습관을 붙이면 된다고 했다. 화장실을 갈 때마다 핸드폰을 찾아 두리번거리는 것은 화장실을 갈 때 항상 핸드폰을 가지고 가는 것이 습관으로 굳어진 것이다.

우리가 아파서 병원을 가면 대부분 약을 처방받게 된다. 여러분은 약을 언제 먹는가? 약 봉투에 '식후 30분'이라고 쓰여 있는 곳에 체크 된 것을 보았을 것이다. 그렇지만 대부분 식사 후 바로 약을 먹는다. 30분 후를 기다리다가 잊어버리기 쉽기 때문이다.

원래는 약은 특별히 위에 부담을 주는 약을 제외하면 하루 세 번 복용법만 지키면 된다고 한다. 그런데 그렇게 처방했더니 약 복용률이 떨어져서 환자들이 빨리 낫지 않았다고 한다. 그래서 의사들이 늘 이루어지는 일상적인 식사에 약 복용법을 붙여버린 것이다. 그랬더니 복용률이 높아져 환자들이 호전되기 시작했다고 한다. 이처럼 '식후+약'과 같이 습관을 매일 일어나는 일상에 붙이면 습관이 하나의 일상으로 묶인다.

몸을 건강히 하고 싶어서 팔굽혀펴기를 매일 하겠다고 계획을 세웠다고 하

자. 운동할 시간을 내서 팔굽혀펴기를 20개씩 하기로 했다면 운동할 시간을 만들기가 힘들어진다. 잊어버리거나 귀찮아져서 '잊어버렸네. 내일부터 하자.' 하며 미루다가 점점 계획은 멀어져간다.

그런데 항상 화장실을 나오면서 팔굽혀펴기 10개씩 하기를 하나의 행동으로 붙여놓고 조금만 신경 써서 해보자. 그러면 나중엔 화장실을 나오는 순간 자동으로 기계처럼 팔굽혀펴기를 하게 될 것이다.

지금은 아이가 화장실이 급해져도 발을 동동 구르며 책을 고른다. 웃긴 모습이지만 이미 습관이 되어버린 것이다. 단 몇 줄이어도 습관처럼 매일 읽는 힘은 모이고 모여 어마어마한 시간이 된다. 우연히 골라서 들고 들어간 책이 재미있었는지 나와서도 계속 읽는다.

나폴레옹 이야기였는데 나폴레옹도 키가 작았다는 것이 키 작은 아이에게 큰 위안이 되었나 보다.

"엄마, 나폴레옹도 키가 작았대."

"응 맞아. 키가 작아도 엄청난 전쟁에서 크게 승리했지. 전쟁터에 나갈 때 오래도록 있어야 하는데 뭘 가져가야 할 것 같아?"

"음. 옷이랑 먹을 거?"

"응, 그렇지. 근데 나폴레옹이 가지고 다니는 게 하나 더 있었는데 전쟁터에서도 책을 한 수레씩 싣고 다녔대."

"어? 책을 그렇게 많이? 근데 언제 읽어?"

"전쟁 중에도 읽고 말 타고 가면서도 읽고. 그런데 그렇게 읽은 많은 책이 전쟁에서 승리하게 된 비결이래."

"아… 그래서 키가 작아도 전쟁에서 싸워서 승리할 수 있었나?"

화장실 책 읽기에서 테이블로 옮겨와 이야기도 하니 호기심은 더 생기고 책을 이어서 읽는 효과까지 가져왔다. 분명 책을 잘 읽던 우리 아이니까 그럴 수 있는 거라고 말하는 사람도 있을 것이다. 그런데 우리 아이도 원래 책을 잘 읽는 습관이 있었던 것은 아니다.

물론 어릴 때부터 책을 읽히긴 해서 적게 읽는 편은 아니었지만, 초등학교 1학년 시기에 만화책에 빠졌을 때가 있었다. 책을 곧잘 읽던 아이라서 그냥 관심사가 만화책으로 잠시 옮겨갔다고 생각했다. 그래서 아무 생각도 없이 1학년 학기 초에 읽고 싶은 만화책 두어 권을 사줬다.

그런데 도서관을 가도 만화책을 읽고 집에 와서도 대부분 만화책만 읽었다. 정말 내가 책 육아를 하면서 가장 심각하게 고민하던 시기였고 해결 방법을 찾아 육아서를 마구 뒤졌던 경험이 있다.

그런데 육아서마다 각각 다른 말을 한다. 어떤 아이는 만화책을 읽다가 결국에는 글 책으로 돌아와 더 많은 책을 읽는다고 하지만 만화책은 절대 안 된다고 하는 육아서도 있었다. 그렇다.

만화책이 나쁜 것은 알겠는데 강압적으로 주지 말아야 하는지 그냥 기다려줘야 하는지를 두고 고민했었다. 강압적인 책 읽기는 절대로 안 된다는 것을 알기 때문에 강압적으로 글 책을 읽힐 수도 없고, 그렇다고 만화책을 그냥 읽게 둘 수도 없어서 고민을 많이 했다.

결국 그 시기엔 아이가 화장실을 갈 때마다 만화책을 들고 갔고 더 오래 있다가 나왔다. 몇 권 안 되는 만화책을 화장실에 갈 때마다 읽고 나와서 또 읽으니 너덜너덜해지다 못해 결국 제본이 뜯어져 낱장이 되어서야 버렸다.

그 이후로 만화책을 사지는 말자고 했고 도서관에서 읽는 것은 허용해주고 기다려줬다. 다행히 지금은 만화책은 거의 안 읽고 아주 가끔 도서관에서 머리를 식힐 때 읽는다.

공부는 습관이라고 한다. 책 읽기도 습관이다. 언제 어디서든 책이 눈에 보이고 손에 들려 있고 영상 노출만 하지 않는다면 읽게 된다. 단, 아이가 정말 좋아하는 직접 고른 책이어야 한다.

화장실이라고 특정 지었지만 어디든 책이 있어야 한다는 의미이고 화장실도 예외는 아니라고 말하고 싶은 것이다. 오히려 다른 것에 신경 쓰지 않고 집중할 수 있는 공간이어서 더욱 책 읽기에 효과가 좋을 수 있다.

화장실 입구에 작은 책꽂이 하나 마련해서 아이 책과 엄마 책을 몇 권 둔다면 더는 무의미한 시간을 보내는 공간은 아닐 것이다. 아이보다 먼저 엄마가 실천해보면 어떨까?

07

책 읽는 엄마 옆에 책 읽는 아이가 있다

2020년 3월 11일 자 〈매일경제신문〉 기사에 따르면 우리나라 성인 독서량을 조사한 결과 2019년을 기준으로 1년 평균 7.5권의 책을 읽는다고 한다. 여러분이 1년에 몇 권 정도 읽는지 생각해보면 본인이 평균에 해당하는지 알 수 있다.

아이들의 시험 성적은 평균 이상이 되기를 바라면서 본인은 1년에 7권 정도의 책을 읽고 있는지 생각해볼 필요가 있다. 심각한 것은 성인 10명 중 4명이 1년 독서량이 0권이라는 사실이다. 적어도 한 권도 읽지 않는 부모가 내가 되지는 말아야겠다.

성인 독서량은 2년 전인 2017년 9.4권에 비교하면 1.9권 줄어든 것이다. 하지만 다행스럽게도 학생들의 평균 독서량은 40.7권으로 2년 전 34.3권에 비해 증가했다. 부모들이 책 읽기가 중요하다는 것을 알고 아이들에게는 많이 읽히기 시작했다는 증거다.

반가운 소식이기도 하지만 여전히 나는 안타깝다. 책을 읽지 않는 부모 옆에서 꾸준히 책을 읽어나갈 아이는 많지 않기 때문이다.

내가 이렇게 안타까워하는 것을 보면 분명 내가 어릴 적부터 책을 좋아하고 성인이 되어서까지 책을 많이 읽은 사람처럼 보일 것이다. 그런데 나도 아이를 낳기 전에는 1년 독서량이 평균도 되지 않았었다. 거의 읽지 않았다고 봐도 좋다. 20대 초반에는 자유를 만끽하며 노느라 안 읽었고 취업해서는 일에 치여 피곤해서 안 읽었고 결혼 적령기엔 연애하느라 읽지 않았다.

나의 본격적인 책 읽기의 시작은 아이를 낳고 처음 키우는 아이를 잘 키워보고 싶은 마음에 육아서를 읽으면서다. 그렇게 읽다 보니 심리학도 궁금해지고 경제에 대해서도 궁금해졌다. 그렇게 한 권씩 분야가 넓어졌다.

매일 아이 책을 반복해서 읽어주었는데 너무 지겨워서 정말이지 동화책이 아닌 내 책이 더 읽고 싶어졌다. 하지만 내가 책을 읽게 된 계기는 아이 책을 많이 읽은 덕분이 아닐까 한다. 아이 책 읽기 덕분에 저절로 나의 독서량도 채워진 것이다.

내가 초등학교에 다닐 때는 좀 잘 사는 집이나 방문판매로 '세계명작전집' 같은 비싼 전집을 사는 그런 시절이었다. 나도 그런 전집을 너무 가지고 싶었다. '왜 책에 욕심이 있었을까?' 생각해보니 우리 집은 학교 친구들이 모여 사는 동네에서 좀 떨어져 있었다. 방과 후에 친구들과 같이 놀 기회가 별로 없었다. 오빠, 언니는 나와 나이 터울이 있어서 같이 놀 상대가 안 되었고 부모님은 가게를 하느라 함께해줄 시간이 없었다. 혼자 뒹굴뒹굴 긴긴 시간을 보내는 데 너무 심심했다. 그 당시에는 저녁 5시가 되어서야 정규 TV 프로그램이 시작되었기 때문에 그때까지의 시간이 너무 길었다. 읽을 책이라도 있으면 좋겠다고 생각했다.

그러다 책의 빈곤을 느낄 사건이 한 번 있었다. 초등학교 고학년 때 교내 독후감 글짓기 대회가 있었다. 집에서 읽고 독후감 쓸 책을 찾아보는데 변변한 책이 한 권도 없었다. 그러다가 어디서 받았던 것인지 이승복 어린이의 『나는 공산당이 싫어요』라는 책이 한 권 있는 것을 발견했다. 제목을 보면 의아하겠지만 그땐 북한과 적대 관계에 있었고 반공 표어나 반공 포스터 같은 걸 많이 쓰고 그렸던 시기였다. 책은 어찌어찌 읽었는데 5시가 되어서 TV 만화 프로그램을 보고 저녁을 먹으니 졸리기 시작했다. 독후감 숙제를 해야만 하는데 말이다.

작은오빠한테 좀 도와달라고 부탁을 했더니 본인 공부도 힘들어 죽겠다며 단박에 거절했다. 원망 섞인 눈물이 흐르고 쏟아지는 졸음을 떨쳐가며 독후감을 썼다. 그런데 그 눈물이 이승복을 위한 눈물이었을까? 어이없게도 교내 독후감 상을 받게 된 것이다. 그것도 얼떨떨한 기분이었는데 그 독후감으로 제주시 교육감상까지 받게 되었다. 담임 선생님과 시청까지 가서 시상식을 하고 벽시계를 상금으로 받았다. 엄마, 아빠가 무척 기뻐하셨던 기억이 있다. 그 계기가 나를 책과 연결해준 것인지 그때 책을 많이 읽어야겠다는 생각을 잠깐 했었다. 그랬어도 책 읽는 환경이 되지 않아서 책은 구경도 못 하고 있었다.

문득 '내가 요즘처럼 책을 많이 읽었던 적이 있었나?' 하고 곰곰이 생각해 보니 나도 책을 읽던 시절이 떠올랐다. 초등학교 때 '제주도립도서관 여름 캠프'라는 것이 있었는데 도내 초등학교마다 대표 한 명씩 참가해서 한 달간 책을 읽고 글쓰기를 하는 프로그램이었다. 그때까지 나는 스스로가 책을 좋아하는 줄 알고 있었다. 그런데 그 캠프에 참가하고 나서야 알았다. 나는 책을 좋아하지 않는다는 것을.

도서관에 간 첫날 한 사람씩 누런 원고지 한 뭉텅이씩 받았고 도서관 책을 온종일 마음껏 읽고 독후감을 쓰라고 했다. 적막이 흐르는 도서관에서 아침부터 책만 읽었고 점심을 먹고 나서도 또 읽고 쓰기만 반복했다.

집으로 도망가고 싶었다. 그러나 한 달을 참고 다녔다. 중간에 포기하면 나로 인해 내가 다니는 초등학교에 안 좋은 이미지가 생길 것 같다는 생각에서다. 그러면서 하필 내가 왜 뽑혀서 왔는지 너무 원망스러웠다. 꾸역꾸역 한 달을 다 채우고 도서관 캠프는 수료했다. 그것뿐 수료식에서 받은 상은 하나도 없었다. 참가했던 친구들과 함께 내 글이 실린 책자 하나를 받고 끝이 났다.

지금 생각해보면 그때 나에게는 지루하고 재미없던 시간이 어떤 친구는 재미있게 책을 읽고 글을 썼던 시간이었던 것 같다. 나는 책을 제대로 읽어본 적이 없어서 나에게 맞는 책을 고르지도 못했다. 제목만 보고 이해하기 어려운 책을 골라서 읽으니 재미있을 리가 없었다. 게다가 제주도 내에서도 시골에 있는 초등학교 출신에 내성적인 성격이라 많이 위축되었다. 다른 학교 친구들과 쉽게 어울리지도 못해 점심시간에도 혼자 공원에 앉아 빵을 먹으며 보냈다. 그랬으니 그 캠프가 즐거웠을 리가 없다. 그렇게 나의 소중한 여름방학 한 달이 끝나버렸다.

책을 많이 읽을수록 독서가 재미있어진다. 어쩌다 독후감 상을 한 번 받는 바람에 끌려가듯 참가해서 곤욕을 치러야 했던 그해 여름의 기억. 아마도 내가 평소 책을 많이 읽던 아이였다면 도서관에 있는 책을 마음껏 읽는 것만으로도 즐거운 시간이었을 것이다.

책을 읽지 않던 아이에게 책을 읽으라고 한다면 그때의 내 심정과 같을 것이다. 마찬가지로 엄마들도 읽지 않던 책을 읽으려면 무척 힘이 든다. 내가 책과 멀어졌다가 다시 잡게 된 힘을 얻을 수 있었던 것도 아마도 어린 시절 그렇게 집중적으로 책을 접했던 시기 덕분이 아닐까 생각한다. 싫고 힘들었지만 매일 열 권 정도의 책을 한 달 동안 꾸준히 읽었던 힘 말이다. 그리고 나 스스로 느끼진 못했지만 분명 여름방학 이후 나는 크게 성장을 했을 것이다. 도서관에서 책을 읽고 많은 생각을 하며 보냈기 때문이다.

"엄마는 왜 안 하는데? 엄마는 왜 나만 시켜?"

아이들에게 이런 말을 많이 듣고 있지는 않나 생각해본다. 불공평이라는 단어를 이해하게 되는 나이가 되면 절대 고분고분 시키는 대로 듣지 않는다. 그런 아이를 혼을 내기보다는 많이 자랐다고 생각해주면 좋을 것 같다. 아이가 자신이 당하는 불공평함을 인지할 만큼 자랐고 논리적으로 자기 생각을 주장할 줄 알게 된 것이다.

아이에게 바라는 것이 있다면 엄마가 먼저 행동을 보여주는 것이 좋다. 어릴 때 인사 잘하는 아이로 가르치려고 엄마가 먼저 인사하는 모습을 보여주었던 것처럼 말이다.

아이는 부모를 보고 자란다. 내 모습을 보고 닮아간다고 하니 이만저만 걱정이 아닐 수 없다. 그러나 불행 중 다행인 것은 아이는 내 맘대로 할 수 없지만 나는 내가 원하는 대로 노력해서 변할 수 있다. 아이가 어떻게 자라면 좋겠는지 떠올려보고 그걸 그대로 내가 하고 있으면 된다. 아이에게 책 읽는 것이 힘들듯 엄마들도 당연히 힘들다. 아이들이 어떤 책을 골라야 할지 모르는 것처럼 엄마도 그렇다. 가끔 블로그 쪽지로 어떤 책을 읽어야 할지 물어보는 경우가 있다. 나는 간단히 특기나 취미나 현재 상황을 물어보고 책을 추천해 주기도 한다. 자신이 최근에 생긴 가장 관심 있는 분야로 책을 한 권씩 읽어 보면 엄마도 독서가 즐거워지기 시작할 것이다. 물론 옆에 앉아 있는 아이도 덤으로 엄마를 닮아가니 엄마와 아이 모두에게 행복한 시간이 될 수 있다.

서점 200% 활용법

수많은 책을 뒤로하고 서점 옆에 자리한 동전 교환기에 천 원짜리 지폐를 넣고 돌린다. '드르륵' 굴러나오는 동전을 들고 바로 옆 무작위로 나오는 뽑기 기계에 넣는다. 기계 앞에서 두 손을 모아 원하는 게 나오게 해달라며 두 눈을 감고 기도하고 버튼을 돌린다. '데구르르' 굴러나온 투명 공 안을 바로 열어보지 않고 투시경 보듯이 한쪽 눈을 감고 쳐다본다. 이내 환호성이 터져 나온다. 원하던 것을 손에 넣었나 보다. 딸아이가 서점에 온 목적이 달성되던 순간이다.

아이가 한동안 광화문 영풍문고 서점을 가는 이유는 뽑기를 하기 위해서였다. 매주 수요일과 금요일엔 서점 나들이를 한다. 이 얘기 들으면 '얼마나 책을 많이 사길래.' 또는 '얼마나 책을 많이 읽길래.' 하고 궁금해한다.

아이가 처음에 서점을 잘 갔던 이유는 뽑기와 끝없이 전시되어 있는 문구류 때문이었다. 학교 앞 작은 문구점보다 종류가 몇백 배나 더 많으니 눈이 돌아갔다. 매주 가면서도 뭔가 새로운 제품이 들어와 있지는 않은지 한 바퀴 둘러보고 나서야 책을 고르러 전시대로 넘어왔다. 팬시점에서 너무 가지고 싶은 것이 생기면 사달라고 조르기도 하고 용돈으로 살 수 있는 가격이면 기꺼이 본인 지갑을 연다. 그 재미에 서점을 갔다.

그렇게 아이가 느끼는 서점은 숨이 막힐 듯 책으로 둘러싸인 부담스러운 곳이 아니라 알록달록 예쁘고 구경거리가 가득한 곳이다. 팬시점에서 마음에 든 작은 학용품 하나를 손에 넣고 나서야 그 기쁨의 연장선으로 책을 둘러봤다. 새로운 책이 뭐가 나왔는지 둘러보다가 익숙한 작가의 책을 발견하면 너무 좋아서 읽고는 했다.

서점에 갔다고 다른 곳에 관심이 있는 아이를 억지로 앉혀서 책만 읽게 한다면 아이는 빨리 집에 가고 싶을 것이다. 그나마 엄마의 뜻대로 억지로라도 읽고 어쩌다가 마음에 드는 책을 하나 골라서 엄마에게 사달라고 해본다. 그럼 엄마는 "그거 말고 이거 사자."라는 대답이 돌아온다. 다음엔 엄마가 서점 가자고 하면 얼굴부터 찡그릴 게 뻔하다.

서점은 엄마들이 백화점에 가서 눈으로 구경하며 즐기듯이 아이들도 이것 저것 구경하며 즐거워야 한다. 그리고 실컷 구경만 하고 손에 든 것 없이 빈손 으로 집에 돌아오면 엄마들도 힘이 빠진다. 아이들도 마음에 드는 책 한 권은 손에 들고 와야 다음에 갈 맛이 난다.

서점에서 새 책을 사게 되면 엄마들은 아이에게 유익한 책 그리고 오래 두 고 볼 수 있는 책을 사려고 한다. 그러다 보면 지식 책이나 아이 수준보다 조 금 높은 수준의 책을 고른다.

서점에서만큼은 아이가 고른 책을 사주자. 아이가 책을 고를 수 없으면 엄 마가 함께 고르면서 아이 취향을 알아보는 것도 좋다. 물론 만화책만 고른다 고 할 수도 있는데 만화책을 한 권 고르면 글 책도 한 권 같이 고르면 된다.

기껏 책을 골라온 아이에게 집에 있는 책도 읽지 않는다고 핀잔을 주지 않 았으면 좋겠다. 옷장에 옷이 가득해도 입을 옷이 없는 엄마랑 같은 마음이니 까. 옷장을 가득 채울 만큼 옷을 한 번에 사지 않듯이 책도 한두 권씩 자주 사다 보면 아이가 책을 고르는 안목도 높아진다.

서점이 익숙한 곳이 되면 책과 익숙해지는 것과 같다. 책을 꼭 사지 않고 몇 권 읽지 않더라도 자주 가야 점점 책에 관심이 생긴다. 나중에 아이가 서 점을 놀이터 가듯 달려가 이 책 저 책 고르고 앉아서 읽는 모습이 보고 싶다 면 자주 가는 수고를 기꺼이 받아들여야 한다.

어쩌다 한번 간 서점에서 아이가 스스로 책을 골라 앉아서 읽는 모습을 기대한다면 기대에 못 미치는 아이 모습에 엄마도 실망하게 된다. 두 번 다시 서점은 가지 않게 된다.

아이가 책을 마음껏 구경하는 동안 엄마 책도 꼭 같이 고르길 바란다. 책을 자주 읽지 않아서 어떤 책을 골라야 할지 몰라 무작정 베스트셀러를 고른다면 집에 와서도 몇 페이지 읽지 못한다. 엄마 책도 아이 책과 똑같다. 자기가 읽고 싶거나 관심 있는 분야의 책을 골라야 재미있게 읽을 수 있다.

나도 예전에 책을 안 읽다가 한 권 사보자고 갔을 때는 광고에서 많이 보던 제목의 책을 골랐던 기억이 있다. 주변 사람들로부터 "요즘 그 책 읽었어?"라는 질문에 자신 있게 읽었다고 말하고 싶었기 때문이다. 그런데 그렇게 구매한 책은 몇 페이지 읽기도 힘들다. 아이도 엄마도 무조건 본인이 좋아하는 재미있는 책을 골라야 책 읽기에 빠져들 수 있다.

"알라딘 가자!"

이 말을 처음 듣고 아이가 눈이 동그래졌다. 아이가 어렸을 때라 알라딘이 책의 주인공이기도 했지만 뭔가 재스민이 사는 궁전 같은 곳이라 생각했던 것 같다. 가서는 중고서점이라 실망한 눈치였지만 한두 바퀴 둘러보다가 갖고 싶은 책이 많은지 좋아했다.

이곳은 중고서점이라 고르는 대로 다 바구니에 넣어도 부담이 적다. 엄마,

아빠도 신간은 아니지만, 스테디셀러나 소장하고 여러 번 읽고 싶은 책들을 마음껏 고른다.

이곳도 대형서점처럼 앉아서 읽는 테이블과 의자가 잘 마련되어 있다. 내가 자주 가는 지점은 카페도 운영하고 있어서 차를 마시며 책을 읽다 오기도 좋다. 어쩌다 실수하게 되어도 중고 책이라 부담 없이 구매하면 되니까 마음 편히 읽게 된다.

게다가 13,000원으로 에코백을 구매하면 럭키 백 할인이라고 해서 1년 동안 구매금액의 20%를 최대 5만 원까지 할인해준다. 책 가격도 저렴한데 할인까지 되니 정말 좋다. 사실 아이 책은 대부분 알라딘에서 구매하고 대형서점은 가서 책을 읽는 보상으로 한두 권씩 사준다.

내가 중고등학교 시절에 갔던 중고서점은 들어서면 오래된 나무 냄새가 나고 진열되지도 못한 책이 그냥 천정이 닿을 만큼 쌓여 있었다. 책표지는 색이 바래서 속지는 누렇고 정말 말 그대로 중고 책 같았다. 신간은 둘째 치고 몇 개월 지난 책도 거의 없었다. 주인 아저씨는 평생 책만 읽다가 나이 든 분처럼 머리가 희끗희끗해서 안경을 쓰고 앉아 계셨다. 그래도 뭔가 향수에 젖어 책장 사이사이를 돌아다니다가 읽지도 못할 것 같은 고전문학을 한 권 사서 오곤 했다.

고등학교 때 친구와 서점을 자주 갔던 이유는 딱 하나였다. 문제집을 사러도 아니고 책을 사러는 더더욱 아니었다. 그 시절 나와 친구는 좋아하는 가

수의 사진과 인터뷰가 실린 청소년 잡지 부록을 얻기 위해 잡지를 사러 갔다. 좋아하는 가수가 여러 권의 잡지에 실리면 둘이서 각자 다른 잡지를 사서 좋아하는 사진을 오려서 바꾸곤 했다.

그렇게 한 달에 한두 번 꼭 서점을 갔다. 핸드폰이 없던 시절이라 친구와 약속을 할 때도 '몇 시에 ○○서점.' 하고 약속을 정하면 책을 보면서 친구를 기다렸다. 가게 앞을 약속장소로 하면 늦게 오는 친구를 원망하며 오고 가는 사람들 얼굴만 쳐다보게 되는데 서점에서 기다리면 친구가 언제 오든지 상관이 없었다.

나는 아이와 서점을 가면 나중에 만날 코너를 정하고 각자 자기 책을 고르러 흩어진다. 먼저 골라서 돌아온 사람도 그냥 그 자리에서 책을 읽고 있으면 되니 '왜 안 오나?' 하고 목 빼고 기다릴 필요가 없다.

서점 나들이는 시간에 쫓겨서 가면 안 된다. 뒤에 일정이 없어야 재촉하지 않게 되고 느긋하게 마음껏 책을 보고 고를 수 있다. 아빠와 퇴근 후 만나는 약속장소를 정할 때도 항상 서점으로 한다. 오는 사람도 기다리는 사람도 초조하지 않고 지루하지 않게.

사람은 무엇이든 자주 가는 곳, 자주 하는 것에는 익숙해진다. 반면에 자주 가지 않는 곳은 낯설어지기 마련이다. 일도 익숙해지면 숙달되듯이 서점 가는 일도 아이에게 즐겁고 행복한 일로 익숙하게 해줘야 한다.

서점에 가서 읽어보고 싶은 책도 실컷 읽고 정말 갖고 싶은 보물 같은 책도 한 권 손에 넣는 날은 아이 마음도 풍성해진다. 돌아오는 길에 아이와 맛있는 간식을 사 먹거나 아이가 좋아하는 것을 한 가지씩 해보자. 그 보상 덕분에라도 아이는 서점 가기를 마다하지 않을 것이다. 그렇게 서서히 익숙해진 공간은 나중에 아이가 커서도 부모와의 행복한 추억의 장소로 기억할 것이다.

4장

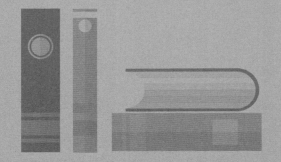

매일 한 권
독서 습관 만드는
8가지 방법

아이의 집 안 동선에 책이 있어야 한다

"결점이 여러 가지인 것으로 보이지만 근원은 하나다. 한 가지 나쁜 버릇을 고치면 다른 버릇도 고쳐진다. 한 가지 나쁜 버릇은 열 가지 나쁜 버릇을 만들어낸다는 것을 잊지 말라."

프랑스의 수학자 '파스칼'이 한 말이다. 내가 가지고 있는 결점들이 한 가지 나쁜 버릇에서 만들어졌다는 말에 동감한다. 주말에 늦잠을 자며 생긴 게으른 습관 탓에 식사 준비할 시간이 부족해서 외식을 하게 된다. 이로 인해 건강하지 못한 식사를 하게 되어 몸이 안 좋아진다.

오전 시간에 할 수 있었던 많은 일이 오후로 밀리게 된다. 가족과 함께 여유로운 시간을 보내지 못하고 주말 오후가 사라진다. 이 모든 것이 나의 게으른 습관 하나로 인해 생겨난 나쁜 결점이다.

건강해지기 위해서 좋은 음식을 먹고 영양제를 챙겨 먹는 것보다 몸에 좋지 않은 음식을 먹지 않는 것이 더 좋은 방법이다. 좋은 습관을 들이기 이전에 나쁜 습관을 하나만 버려도 여러 나쁜 결점들이 사라진다.

나는 이제 늦잠의 달콤함을 버리고 일찍 일어나 맑은 정신으로 새벽 필사를 한다. 그리고 온전히 나를 위한 시간을 갖는다. 나를 위해 책을 읽고, 커피를 마시고, 음악을 듣고 감사일기를 쓰고 글을 쓴다. 나쁜 습관 하나를 버렸을 뿐인데 그 시간 나는 더 값진 습관이 생긴 것이다.

아이들에게 독서 습관을 만들어준다는 것은 아이들이 평생 함께할 멋진 습관을 갖게 되는 것이다. 어떤 습관이든 몸에 익숙해지기 위해서는 실행하기 쉬워야 한다. 복잡하고 번거로우면 한 번 실행하는 것도 힘들다.

예를 들어 자기 전에 스마트폰을 멀리하고 싶다면 거실에 두고 가면 된다. 누워 있다가 다시 나오기 귀찮아서 안 하고 만다. 자다가 화장실 가는 것도 귀찮은데 스마트폰을 가지러 나가느니 차라리 그냥 자는 것을 택할 것이다.

아이가 독서 습관을 들이는 가장 쉬운 방법은 늘 손을 뻗으면 닿는 곳에 책을 놓아두는 것이다. 책장에 가서 스스로 책을 꺼내올 수 있을 정도로 습관이 되기 전까지는 눈에 보이는 곳에 책을 두어야 한다. 그래야 눈에 책이

초등 매일 한 권 독서 습관

익숙해지고 눈에 익숙해져야 손을 뻗어 책을 펼칠 수 있다.

아이들은 단순하고 호기심이 많다. 별것 아닌데도 일단 식탁에 놓여 있으면 앉아 있다가도 그게 무엇인지 손으로 만지게 된다. 눈앞에 놓여 있기 때문이다. 눈앞에 맛있는 케이크가 있는데 안 먹고 참을 수 있는 사람이 몇이나 될까? 본능이기 때문에 눈앞에 있는 것을 못 본 척할 수가 없다.

코로나19로 인해서 일주일에 두 번은 집에서 온라인으로 학교 수업을 듣는다. 아이 옆에서 글을 쓰거나 책을 읽고 있으면 수업을 하던 선생님이 같은 말을 반복한다.

"○○야, 책상 위에 그 물건 눈에 안 보이는 곳으로 치우세요!"
"○○야, 지금 수업시간에 필요하지 않은 물건은 서랍에 넣어주세요!"
"얘들아, 미술 도구는 4교시에 사용할 거니까 지금 가지고 오지 않습니다."

얼마나 많은 아이가 집에서 수업을 받으면서 책상 위에 있는 물건을 가만히 두지 못하는지 알 수 있다. 그렇다면 책상 위에 또는 눈앞에 책이 있으면 어떨까. 마찬가지로 읽지 않아도 펼쳐는 보게 될 것이다. 그림만이라도 일단 본다. 그 책이 아이가 좋아하는 책이면 더더욱 그렇다.

화장실에도 마찬가지로 미리 두세 권 놔둬보자. 볼일 보러 갔다가 오래 앉아 있게 되면 옛날 아버지들이 신문을 펼치듯 책을 펴게 되어 있다.

아이가 온라인 수업을 받는 날 있었던 일이다. 그날은 음악 수업이 있었고 준비물에 리코더가 있었다. 역시 그날도 선생님은 수업 시작 전 출석을 부르면서 리코더를 모두 다 저 멀~리 갖다 놓고 오라고 당부했다.

그런데 몇몇은 리코더를 가져가면서도 본능적으로 한 번씩 불어본다. 손에 있으니 소리를 안 내기가 더 힘들다.

드디어 음악 수업시간이 되었다. 예상대로 난리가 났다. 수업 시작도 하기 전에 여기저기서 삑삑 불어대는 통에 선생님 말씀은 들리지도 않고 컴퓨터로 리코더 소리만 크게 흘러나왔다.

겨우 선생님이 굵직한 목소리로 "그만!!!"을 외치고 나서야 소음은 그쳤다.

"책상 위에 리코더 내려놓으세요."

선생님의 강한 어조에 다들 리코더를 내려놓았다.

"여러분이 선생님 말씀을 안 따라주면 리코더 수업은 그냥 소음이 됩니다. 함께 시작하고 선생님 말씀에 따라 멈추어야…"
"삑~삑~"

누군가 선생님 말씀이 채 끝나기도 전에 역시 그새를 못 참고 소리를 낸다. 나는 선생님이 가엾으면서도 웃음이 나오는 걸 겨우 참았다. 아이가 책상 위에 놓인 리코더와 얼마나 눈치 싸움을 하다가 집어 들었을까. 눈앞에서 '나 좀 건드려볼래?' 하는 리코더를 모른 척하기는 너무 힘들 것 같다.

만약 그 자리에 책이 놓여 있어도 마찬가지일 것이다. 화려한 표지에 재미있는 그림이 그려져 있고 제목까지 궁금하게 만들면 펼쳐보게 되어 있다. 다시 덮는 한이 있어도 말이다.

아이 말에 의하면 '뭐든지 다 있어서 다이소'에 가면 정말 필요한 것이 다 있다. 그중에 내가 사는 것은 하얗고 구멍이 뚫린 작은 바구니다. 몇 개 사서 책 바구니로 쓰면 너무 좋다.

책을 막 널브러지게 놓았던 유아 시절을 지나 초등 고학년으로 가면 책 바구니가 유용하다. 침대 머리맡에도 하나 두고 거실 바닥에도, 식탁 위에도 하나씩 두어서 책을 몇 권씩 넣어두면 너무 좋다. 처음에는 새로운 분위기에 낯설어할지도 모르지만 계속 오가며 보다 보면 아이도 자연스레 관심을 두게 된다.

당연히 스마트폰은 책보다 재미있다. 오며 가며 책에 관심을 보일 수 있는 것은 스마트폰이 없다는 전제가 깔려 있다. 아이가 심심하면 그나마 책을 읽겠지만 시간이 한가하다고 해서 엄마들이 이때다 싶어서 공부나 숙제를 하라고 한다면 눈앞에 책을 두고도 읽을 수 있는 시간을 빼앗아버리는 셈이다.

지금 생각하면 나도 예전에 어이없는 실수를 할 때가 있었다. 가구 놓을 공간들을 길이로 재다 보니 책장을 거실도 아닌 방 입구 쪽에 놓을 때가 있었다. 나도 아이도 당연히 책을 가지러 그쪽까지 자주 왔다 갔다 하지 않게 되었다. 그러면서 아이는 책보다는 가까이 있던 다른 장난감들을 가지고 놀았다. 어쩌다가 방에 들어갔다 나오면서 책 한 권 들고 와서 읽을 때도 있었다.

그렇게 읽고 나서 정리하지 않고 둔 책들이 거실에 쌓이기 시작했다. 그런데 오히려 거실에 아무렇게나 쌓여 있으니 누워 있다가도 손을 뻗어 책 한 권을 읽기도 했다. 다행히 방에서 나오며 책을 꺼내 들고 나오니 거실에라도 두게 되었지, 안 그랬으면 영영 책장에 장식품으로 있을 뻔했다.

책은 읽는 환경이 매우 중요하다. 우리도 풍경이 좋은 카페나 원두 맛이 좋은 카페에서 마시는 커피가 제일 맛있는 것처럼 책도 읽을 환경이 되어야 읽을 맛이 난다.

책을 읽으라는 말은 잔소리로 들릴 수 있지만, 간접적으로라도 가는 곳마다 책이 있는 환경을 자연스럽게 조성해주면 좋다. 당장은 읽지 않을 수도 있지만 자연스럽게 표지를 보다가 책을 집어들 가능성이 커진다.

항상 애써 책을 찾지 않아도 쉽게 눈에 띄도록 집 안 곳곳에 책을 둔다. 책으로 가득 찬 집에서 자라는 아이의 미래는 보증된 것이다.

자기 전
엄마가 책 읽어주기

"옛날 아주 먼 옛날에 아주 아주 예쁜 아이가 있었대. 그 아이는 개미를 엄청나게 좋아했대. 더운 여름날에도 매일 밖에 나가자고 엄마를 졸랐는데 엄마는 더워서 오늘은 개미가 땅속에 있을 거라고 그랬대. 그랬더니 아이는 그럼 땅속에 있나 확인해보러 가자고 그랬대."

아이가 어렸을 때 밤마다 내가 불을 끄고 해주던 이야기다. 책을 몇 권씩 읽어주다가 불을 끄면 또 읽어달라고 보채서 불을 끄고는 저렇게 이야기를 지어서 해줬다. 그런데 아이는 잠을 자는 게 아니라 책보다도 더 좋아해서 또 이야기해달라고 졸랐다.

내가 밤마다 지어서 해주는 이야기는 다 우리 아이 이야기였다. 하루 동안 있었던 일들을 동화책처럼 이야기해주고 이야기의 끝은 바르고 따뜻한 아이가 되었다고 마무리해주었다.

엄마가 해주는 이야기는 자기와 엄마가 하루 동안 있었던 일이라는 것을 아이는 알고 있었다. 너무 신기하게도 자기 이야기인 걸 알면서도 귀 기울여 끝까지 들었다.

엄마가 들려주는 이야기로 자기가 한 행동이 어떤 점은 예쁘고 어떤 점은 속상했는지 들으면서 자랐다. 밤마다 엄마 옆에 누워서 귓불을 만지며 엄마의 속마음을 이야기를 통해 들었다.

이야기가 재미있었다기보다는 엄마의 생각과 마음을 알고 싶고, 듣고 싶었던 것 같다. 어둡고 캄캄한 밤에 솜사탕보다 더 달콤한 엄마의 목소리가 아이에게는 세상 가장 밝은 빛이었을 것이다.

밤마다 자기 전에 책 읽어주기가 아이에게 좋은 것은 누구나 알고 있을 것이다. 책 읽기 습관을 들이기에는 최고의 방법이고 책과 친구가 되는 비법 아닌 비법이기도 하다.

아이에게 밤마다 속삭이듯 읽어주는 엄마의 책 읽기는 책 그 자체보다 더 큰 감동을 준다. 아이의 마음을 편안하게 해주고 하루 동안 세상을 알아가느라 힘들었던 아이의 생각을 정리해준다. 그것도 세상에서 가장 부드러운 엄마의 목소리로 듣게 된다.

가끔 아이가 엄마 마음을 아프게 하면 나도 아이에게 참지 않고 나의 감정을 말할 때도 있다.

"나도 우리 엄마한테 이를 거야. 너 이렇게 말 안 듣고 나 힘들게 한다고 우리 엄마한테 이를 거야. 그럼 우리 엄마가 너 혼낼걸? 엄마는 내 편 들어줄걸? 나도 우리 엄마 있어."

그 말을 듣고 아이가 무척 놀랐다. 엄마가 이르면 자신을 혼내줄 사람이 할머니라는 사실을 깨닫고 많이 놀랐다.

"엄마에게도 엄마가 있었네? 그러네. 엄마네 엄마도 우리 엄마를 아직도 사랑해? 아니 할머니는 엄마를 아직도 사랑해?"

그렇다. 나에게도 나를 사랑하고 언제나 내 편인 엄마가 있다. 내가 엄마가 되고 나서는 기대고 어리광 부리던 나의 엄마는 사라지고 할머니만 남아 있다. 항상 집에 가면 맛있는 생선 구워놓고 내 밥부터 챙겨주는 우리 엄마가 나에게도 있다. 내 아이만 내려다보다 위를 올려다보니 항상 나를 바라보며 손을 내밀고 있는 나의 엄마가 서 계셨다.

어릴 적 엄마는 무척 바빴다. 어렵게 4남매를 먹이고 공부시키느라 엄마의 청춘은 사라지고 없었다. 그런데 나는 크면서 엄마의 빛나는 청춘을 먹고 자라고 있는지 알지 못했다. 내가 아이를 키우면서 내 청춘쯤은 기꺼이 나눠줄 수 있고 또 그럴 수 있어서 감사하다. 작은 바람이 있다면 나를 키우면서 엄마의 젊은 시절을 잃어버렸어도 좋았던 추억만 간직하기를 바랄 뿐이다.

엄마는 밤늦게까지 일을 하셨기 때문에 자기 전 나에게 책을 한 권도 읽어주지 못하셨다. 나는 매일 늦게까지 졸면서 일하시는 엄마를 바라보다 잠이 들었다. 내가 기억하는 잠들기 전 엄마의 소리는 '또각또각' 무를 써는 도마 소리이다. 책을 읽어주는 소리 대신 일정한 간격으로 들리는 도마 소리를 들으며 잠이 들었다. 그래도 그 소리가 있어서 엄마와 같이 있다는 걸 느끼며 잠들었던 것 같다.

엄마의 소리는 내가 자라면서도 엄마가 항상 내 곁에 있었다는 안정감을 가지고 살아가게 한다. 여건이 안 되어 책을 읽어줄 수 없다면 자기 전 따뜻한 목소리라도 한번 들려주면 좋겠다. 분명 아이의 굳었던 마음도 말랑말랑해질 것이다. 하루아침에 모든 것이 달라지지 않듯이 아이도 한 걸음 한 걸음 다가가면 언젠가 엄마와 손을 맞잡고 서 있을 수 있다.

'캥거루 케어'라는 말을 들어본 적이 있다. 아기와 엄마의 맨살을 최대한 밀착시켜 미숙아의 정서 안정과 성장 발달을 돕는 치료법이다. 엄마의 맨살과

닿게 해서 심장박동을 듣는 것만으로 아이는 안정을 찾아가고 미숙아의 사망률도 줄어든다. 자기 전 엄마의 체온을 느끼며 엄마의 목소리로 들려주는 책은 그 이상의 어마어마한 힘을 가지고 있다.

아이에게 책을 읽어주어도 싫어한다고 하소연하는 부모들이 있다. 그렇다면 몇 가지 잘 유의해서 읽어주면 분명 자기 전 책 읽기를 좋아하게 될 것이다.

혹시 아이가 싫어하는데 교과 과정에 도움이 되는 책을 골라 읽어주고 있지는 않은지, 아니면 자기 전까지 숙제나 내일 등교 준비로 화내고 서로 기분이 언짢은 상태에서 의무감으로 책을 읽어주지는 않았는지, 아니면 읽어주면서 잘 듣고 있는지 확인하며 집중하라고 잔소리하지는 않았는지 생각해보자.

한글을 떼기 전 아이들은 자기 전에 책을 읽어주면 엄마가 읽어주는 글자를 따라 눈이 움직인다. 함께 그림을 보다가 글자도 보고 아주 집중을 잘한다.

그런데 한글을 뗀 초등학교 아이들에게 책을 읽어주면 처음에는 집중을 잘하다가 자기 손가락을 만지기도 하고 엄마 얼굴을 쳐다보다 만지기도 하며 집중을 못 할 때가 있다. 엄마는 열심히 읽어주는데 아이가 딴짓하며 듣는 둥 마는 둥 하니 읽어줄 의욕도 사라진다.

아이가 잠자기 전 책을 읽어달라고 하는 이유는 엄마와 함께 상상하고 이야기하면서 엄마와의 시간을 갖고 싶기 때문이다. 책 읽는 소리를 들으면서 상상하고 자신만의 세계 속에서 이야기를 새롭게 그리고 있다.

자기 전 책 읽기가 좋은 것은 그 시간이 주는 편안함이다. 학교에서처럼 긴장하며 바른 자세로 앉아 있지 않아도 되고 문제집을 풀 때처럼 머리 아프게 집중할 일도 없다. 그냥 진짜 편안하게 누워서 귀를 열고 듣기만 하면 된다.

나는 아이에게 자기 전 책을 읽어주면서 집중하지 않을 거면 읽어주지 않겠다는 바보 같은 말을 했던 적이 있다. 아이는 그냥 눈을 감기도 하고 머리를 만지다가 등을 돌리기도 하면서 편안하게 듣고 싶다고 말했다. 귀로는 다 듣고 있다고 했다. 그런데도 나는 책의 내용을 확인하려고 물어보기까지 했다. 아이가 울먹이며 내용을 이야기하니 그때야 나의 바보 같은 행동을 후회했다. 내가 무슨 짓을 하는 것인지 내 입을 틀어막고 싶었다.

나처럼 아이에게 내용을 확인하고 집중하라고 절대 다그치지 않기를 바란다. 자기 전 읽어주는 엄마의 책 읽는 소리는 하루의 고단함을 잊게 해주는 모차르트 자장가보다 편안한 음악과 같다. 매일 엄마의 책 읽는 소리에 익숙해지면 아이는 누구보다도 책과 가까워질 것이다.

엄마들에게 꼭 해주고 싶은 말은 아이는 누구보다 엄마를 사랑한다는 것이다. 아무리 엄마가 혼을 내고 부족한 모습을 보여도 아이들은 엄마를 바라본다. 나도 가끔 생각해본다. 가장 밝게 빛나는 아이의 눈빛을 나 스스로 외면하며 더 밝은 빛을 찾아 헤매고 있지는 않은지. 고개를 돌리면 항상 나만 바라보며 엄마가 돌아봐주길 기다리는 아이가 있다.

엄마들이 손을 내밀면 아이들은 항상 손을 잡는다. 그런데 엄마는 손잡아 달라고 내미는 아이의 손을 바쁘다며 뿌리치고 저만치 혼자 앞서서 걸어가고 있지는 않을까?

밤마다 들려오는 엄마의 목소리는 하루 중 어느 때보다 따뜻하고 포근하다. 하루를 힘겹게 보낸 엄마와 아이 모두에게 위로가 되고 힘이 되는 소리가 아닐까 생각한다. 아이에게 따뜻한 목소리로 책을 읽어주며 하루를 잘 버틴 아이의 마음까지도 같이 읽어주면 좋겠다.

아이의 독서 공간 만들기

"진정으로 책을 읽고 싶다면, 사막에서나 사람의 왕래가 잦은 거리에서도 읽을 수 있고 나무꾼이나 목동이 되어서도 얼마든지 읽을 수 있다. 책을 읽을 뜻이 없다면 아무리 조용한 시골집이나 신선이 사는 섬이라 해도 책을 읽기에 적당치 않을 것이다."

증국번이 한 말이다.

아이의 독서 공간을 어떻게 만들어주어야 할지 궁금할 텐데 대단한 인테리어가 필요치 않다. 사실 좋은 책만 있으면 어디든 상관이 없다. 책을 읽을 수 있는 환경만 되면 책에 관심이 없던 아이도 책을 읽게 된다. 그것은 앞서 말한 TV가 없고, 집 안 여기저기 손이 닿은 곳에 책이 있고, 아이가 고른 책만 있으면 어느 정도 환경은 만들어진 것이다.

다만 아이가 조금 더 책을 잘 읽는 분위기와 좋아하는 장소가 있다. 평소 아이와 대화하는 습관이 잘 되어 있으면 직접 궁금한 점을 물어보아도 잘 대답해준다.

거실 테이블에 앉아 아이와 함께 책을 읽고 있는데 도서관처럼 고요하다. 그런데 의외로 아이가 도서관에서처럼 책을 잘 읽는 것이 아니라 좀처럼 집중하지 못했다. 이렇게 완벽한 조건의 책 읽기 장소가 있나 싶은데도 아이는 집중하지 못하고 산만했다.

"집중이 안 돼? 도서관에서는 잘 읽던데 지금 조용하고 좋지 않아?"

"엄마, 도서관 어린이 열람실은 사실 조금씩 속닥거리는 소리가 들리고 사서 선생님 대출해주는 소리가 들리잖아. 난 그 정도 소음은 있어야 잘 읽혀."

"시끄러운 거 싫어하는 줄 알았는데."

"응, 너무 시끄러운 건 싫은데 적당한 건 좋아. 그래서 오히려 학교 쉬는 시간에 친구들이 조금 떠드는 소리 날 때 잘 읽히고 지하철에서 특히 잘 읽혀."

아이에게 너무 고요한 분위기는 중압감이 드는 듯했다. 자주 가는 도서관의 어린이 열람실은 저녁 6시면 문을 닫는다. 그러면 바로 위층 성인 자료실로 올라가서 책을 읽을 때가 많았다.

성인 자료실은 책장 넘기는 소리마저도 크게 들릴 정도로 고요하다. 어린이 열람실에서 오랫동안 책을 읽었기 때문이기도 하지만 성인 자료실에 올라가서는 한 시간 정도 지나면 잘 집중하지 못한다. 지금 생각해보니 너무 적막해서 갑갑하게 느껴진 것 같다.

어린이 도서관은 일반 도서관과는 달리 어린이 책이 많기도 하지만 인테리어도 매우 다르다. 일반 도서관은 집중하기 좋게 한두 가지로 통일된 색상에 기본적인 테이블과 의자만 있을 뿐이다.

그에 반해 어린이 도서관은 색상부터 알록달록하다. 테이블 디자인도 다양하고 읽는 공간도 다채롭다. 도서관이 딱딱하게 책을 읽는 곳이라는 인상을 심어주는 것보다 놀이 공간이라는 인상을 심어주기 위해서다. 책 읽기를 어렸을 때부터 놀이처럼 느끼면 거부감 없이 책 읽는 습관을 갖게 된다.

어린이 도서관에서 아이가 책을 즐겨 읽는 곳은 마치 동굴처럼 되어 있는 공간이나 신발 벗고 편안하게 앉아서 읽을 수 있는 공간이다. 아이들은 텐트 속이나 동굴처럼 좁은 공간을 좋아한다. 아늑하고 편안한 공간을 좋아하며 숨는 것을 좋아하는 아이들의 특성 때문이 아닐까 한다.

일반 도서관보다 어린이 도서관을 좋아하는 이유는 책이 있다는 공통된 이유 말고도 공간이 다양하기 때문이다. 아이들은 한곳에 오래 있지 못하고 집중하는 시간도 짧다. 우리 아이도 일반 도서관에 갔을 때보다 어린이 도서관에 갔을 때 더 오랜 시간 책을 본다. 마치 놀이터에 온 것처럼 책을 고르러 다니고 여기저기 자리를 옮겨가며 읽기도 한다. 책 이외에 별다른 점은 없어 보이는데도 공간이 다양하고 편안하기 때문이다.

집에서도 아이들만의 공간은 필요하다. 가족과 함께 책을 읽는 공간이 있어야 하기도 하지만 아이만 들어가서 읽을 안정적인 공간도 필요하다.

어릴 때 사촌 언니가 딸아이에게 공주 텐트를 선물해주었다. 아이 혼자 딱 들어갈 만한 크기의 텐트인데 거실에 설치해주었더니 커다란 곰 인형도 넣어두고 자기가 좋아하는 책도 몇 권 넣어두었다. 커다란 엄마 스카프를 공주처럼 등에 두르고 그 텐트 안에서 대부분 시간을 보냈다. 책도 읽고 곰돌이에게 스카프를 둘러주기도 하면서 그 공간을 너무 좋아했다. 마치 그 궁전에서 나오면 마법이 풀린 공주처럼 행동도 달라졌다.

나도 어렸을 적엔 텐트나 이불 속을 좋아했던 것 같다. 환하고 넓은 공간보다 이불을 뒤집어쓴 채 손전등을 켜고 손전등 불빛이 만드는 그림자를 보며 놀곤 했다. 그 넓은 집 안 중에 그 공간이 특별한 나만의 공간이라는 생각에서 그런 것 같다.

예전 우리가 어렸을 때는 형제, 자매도 많고 집은 좁아서 각자 자기 방을 갖는 게 소원이기도 했었다. 요즘은 출산율도 낮고 아이 방을 하나씩 마련해주는 게 어렵지 않아졌다. 정말 방이 모자라는 경우 부모가 거실 생활을 하면서 아이에게 방을 내주는 가정도 봤다.

아이들 공간이 없지는 않다. 아이 방에는 장난감도 있고 옷장도 있고 책이외에도 많은 것이 있다. 아이의 공간이긴 하지만 책을 읽는 공간은 따로 정해주면 더욱 좋다. 자유롭게 읽는 걸 좋아하는 아이는 상관이 없지만 조금 산만한 아이는 책장 앞에 작은 카펫을 하나 깔아두고 책 읽는 공간을 만들어주면 훨씬 좋다. 장난감과 거리가 멀고 손에 다른 것들이 닿지 않는 곳이 책 읽기 좋은 장소이다.

우리 아이는 낮에도 자기 침대에 누워서 스탠드를 켜고 책을 읽는 것을 좋아한다. 거실에서 읽다가 몸이 힘들어지면 침대에 누워서 뒹굴뒹굴하면서 읽는다. 아이들에게는 자기만의 공간이 안정감을 준다. 식탁에 앉을 때도 항상 앉는 자기 자리가 있듯이 아이 침대는 엄마 아빠가 사용하지 않는 공간이기 때문에 자기 공간이라는 게 확실하다.

아빠들은 자신만의 서재를 원하고 엄마들도 작지만, 혼자만의 작업 공간을 갖고 싶어 한다. 누구나 같은 공간에서 함께하는 것이 좋을 때가 있고 자기만의 공간에서 누구의 간섭도 받지 않고 마음대로 하고 싶을 때가 있다. 아이도 자신만의 공간에 있을 때는 되도록 간섭하지 말고 한 가지에 몰입할 수 있도록 내버려두는 것이 좋다.

"책 없는 방은 영혼 없는 육체와도 같다."

고대 로마의 정치가이자 작가인 키케로가 한 말이다. 영혼이 없는 육체는 죽은 것과 같다. 그만큼 책을 곁에 두고 살아가지 않는다면 죽은 것과 다름 없다. 책을 읽지 않는다고 죽지는 않지만, 책을 읽지 않고 산다는 것은 자신의 삶에 대해 진지하게 생각하며 살아가지 않는 것과 같다.

아이 방에 책이 없는데 책을 좋아하는 아이로 자라지는 않는다. 아이가 좋아하는 책으로 아이만의 공간을 만들어준다면 아이는 그 작은 공간에서 아주 커다란 꿈을 키우며 넓은 세상으로 나갈 준비를 할 것이다. 책을 통해 작은 공간이 마법처럼 커다란 세계로 통하는 문이 될 것이다.

책 읽기 전
몸으로 놀아줘라

내가 어렸을 적에는 학교 수업이 끝나고 학원을 가는 친구가 극히 드물었다. 학원이라고 해봐야 피아노 학원을 가는 게 전부였다. 나도 피아노를 꼭 배우고 싶었다기보다는 책가방 대신 빨간 학원 가방을 손에 들고 버스를 타는 친구가 너무 부러워서 피아노 학원에 다니고 싶었다.

집에서 학교에 가는 길이 멀었지만, 그때는 전부 15분, 20분 정도 되는 거리를 걸어서 등교했다. 다른 친구들도 다 학교 근처 사니 친구들과 버스를 타고 놀러갈 일도 없었다.

그때는 내가 사는 곳이 시골이라 요즘처럼 학원 버스가 학교 앞까지 다니지 않았다. 학원에 다니려면 학교 앞에서 버스를 타고 혼자 알아서 다녀야 했다. 버스를 혼자 타본 적이 없는 나는 4학년이 되자 엄마한테 졸라 피아노 학원에 다니게 되었다. 처음 학원 가방을 들고 혼자 버스를 타고 가면서 바라보던 차 창밖 풍경을 지금도 잊을 수 없다.

요즘은 학교 앞에 많은 학원 상권이 형성되어 있어서 학교가 끝나면 학교 앞 학원으로 아이들이 흩어져서 들어간다. 어릴 적 설레었던 나의 모습이 그려졌다.

나는 피아노 학원에 다니기 전까지는 학교 수업이 끝나면 운동장에서 친구들과 실컷 놀았다. 오빠를 따라 오빠 친구들과 자치기도 하고 구슬치기도 하고 놀았다. 오빠랑 신나게 놀다 보면 시간 가는 줄도 모르고 저녁노을이 지려고 할 때야 부랴부랴 집으로 뛰어갔었다.

점심시간에 운동장 한쪽에서는 남자아이들이 운동장 먼지를 다 먹어가며 축구나 말뚝박기 놀이를 했다. 나도 쉬는 시간이나 점심시간마다 여자 친구들과 운동장에 나와서 고무줄놀이를 하느라 수업 종이 치는 걸 못 듣기도 했었다. 그렇게 뛰어노는 시간이 공부했던 시간보다 더 많았다. 사실 어릴 적 기억이라고 해봐야 놀았던 기억 밖에 안 난다.

그렇게 운동장에서 신나게 놀고도 집으로 돌아오면 또 동네 친구들과 저녁을 먹기 전까지 집 앞 길가에서 놀았다. 정말 그 시절엔 말 그대로 놀고 또 놀기만 했다.

TV 프로그램 정규 방송도 5시가 넘어야 시작되었으니 그 시간까지 할 게 없어서 집에 있어본 적이 없다. 손목시계를 차고 있던 친구도 거의 없어서 대강 해가 떨어져가거나 동네에서 한두 명씩 엄마가 부르는 소리에 집으로 돌아갔다. 매일매일 체육활동 시간이나 다름없는 생활이었다.

요즘은 학교 운동장에서 노는 아이들이 학원 가기 전에 잠깐 기다리면서 노는 것이 전부다. 아파트 앞 놀이터에서 노는 친구들도 많지 않다. 보통 초등학교 입학 전에 엄마와 함께 나와서 노는 유치원생들이다. 그나마 초등학교 저학년 몇 명이 놀고 있는 게 보일 뿐이다.

뛰기는 태권도 학원에 가서 하고 수영 학원이나 인라인 학원에 가야 운동을 하는 시대다. 심지어 줄넘기도 학원에서 배우고 농구나 축구도 전문적으로 배운다.

예체능 학원도 대부분 저학년까지만 다니다가 고학년으로 갈수록 하나씩 빠진다. 보습 학원에 다니면서 신체 활동 대신 게임 속 가상세계에서 열심히 뛰고 싸운다.

성인도 운동하지 않으면 체력이 떨어지는데 가뜩이나 앉아서 공부하는 아이들이 신체 활동 없이 커가고 있으니 건강이 무척 염려된다.

예전에 EBS 다큐멘터리 프로그램 〈학교체육 미래를 만나다〉에서 '체육이 우등생을 만든다'를 방송한 적이 있다. 충남 당진에 있는 시골 중학교에서 운동으로 성적이 오른 사례가 방송되었다.

이 학교는 정규 체육 시간 외에 평일 2시간 스포츠 클럽 활동을 하고 있다. 학생들이 다양한 스포츠 활동을 선택해서 매일 참여하는데 정말 아이들 얼굴이 밝았다. 매일 오후 3시 30분이면 운동장과 체육관으로 쏟아져 나와 각자 요가, 농구, 댄스, 사격 등 활동에 참여했다. 그 운동 효과로 이 학교는 학업성취도 조사에서 전국 1위를 차지했다.

운동이 학업 성적에 미치는 영향이 크다는 걸 알리기 위해 서울시 서초구 서초동의 한 고등학교에서 실험을 진행하였다. 1학년 중 한 반은 1교시 수업 전에 아침 30분 동안 체육 수업을 하고 정규 수업을 시작하게 했다. 나머지 다른 반은 원래대로 1교시 수업을 시작했다.

1교시 수업 전 체육 수업을 하기로 한 반은 아침 등교를 한 시간 빨리 등교했다. 가뜩이나 황금 같은 아침 시간에 한 시간이나 빨리 등교하느라 등교 첫날은 학생들 표정이 힘들어 보였다.

첫날 체육 수업에서는 그동안 체력이 떨어져 있던 학생들이라 줄넘기 몇 번 뛰는 것도 힘들어했다. 그러나 날이 갈수록 매일 반복되는 이른 등교도 점차 익숙해져 학생들 표정도 처음과 달리 밝아 보였다. 한 달쯤 지나니 처음보다 체력도 좋아지고 줄넘기하는 얼굴에 땀이 흘러도 너무 활기차 보였다.

오전 체육 수업이 없이 1교시 수업을 바로 시작한 다른 반 모습은 어떨까?

등교하자마자 1교시 수업이 시작되니 잠이 덜 깨서 조는 학생도 있고 멍하니 집중이 안 되어 보였다.

반면 1교시 수업 전 체육 활동을 한 반은 땀을 흘려 부채질을 잠시 하기도 했지만 바로 집중하고 수업에 임했다. 선생님도 체육 수업을 하기 전보다 훨씬 수업 집중도가 좋아졌다고 말했다.

운동을 통해 심박수가 올라가면서 체내 혈액량이 늘어나고 뇌에 공급되는 혈류량도 함께 증가함으로써 뇌를 깨어나게 한다. 이뿐만 아니라 운동 후 인지 능력과 집중력 검사에서도 높은 수치를 나타내어 운동한 그룹이 수업 집중도가 훨씬 좋게 나타났다.

공부는 뇌가 얼마나 활성화되는지에 따라 학습 능력이 차이가 나는데 운동은 뇌를 즉각적으로 깨워 활성화에 도움을 준다. 운동 강도를 점진적으로 높일 수록 뇌 역시 학습 준비를 더 많이 하게 된다. 공부하는 시간에 비례해서 성적이 오를 것 같지만 의외로 운동을 하고 공부를 하는 것이 훨씬 집중도가 높아 성적에 좋은 영향을 미쳤다.

요즘 딸아이의 운동량도 점점 줄어들었다. 어떤 날을 미세 먼지가 심하고 어떤 날은 코로나19 환자가 급증해서 나가기가 힘이 들어 활동이 줄었다. 하지만 어쩌면 핑계일지도 모른다. 하루 20분이라도 아이와 함께 빠르게 걷기만 해도 좋을 텐데, 반성이 된다.

아이가 1학년 때 방과 후 논술 수업을 마치고 피아노 학원에 가는 날은 집에 오면 시간이 부족하다. 그래서 그런 날은 책을 읽을 시간이 없을까 봐 티는 안 내지만 조바심이 난다. 다른 날은 쉬엄쉬엄 잘도 읽는데 그런 날은 아이도 피곤해서 영 집중하지 못한다.

오히려 아빠와 신나게 공차기를 하고 들어와서 깨끗하게 씻은 후에 시원한 주스 한잔 마시면서 책을 읽을 때가 더 집중해서 잘 읽는다. 도서관 가기 전에 산책 삼아 동네를 한 바퀴 돌고 들어간 날이나 가벼운 운동을 잠깐 하고 집에 들어온 날 책을 더 집중해서 읽는다. 그런 날은 오랜 시간 책을 붙들고 있지 않아도 몰입해서 짧은 시간에 책을 보는 경우가 많다.

책상에 오래 앉아 있다고 우등생이 되지 않는 것처럼 책도 계속 붙들고 있는 것보다 짧게 집중해서 몰입하는 독서가 낫다.

엄마들은 운동하는 학원은 아이들이 놀러 간다고 생각하는데 아이의 입장은 그곳도 엄연한 학원이다. 선생님 말씀에 귀 기울이고 규칙을 지키며 배우느라 긴장한다. 놀이터에서 마음껏 뛰어놀고 싶은 대로 노는 것과는 다르다.

뇌는 우리 신체 중에서도 가장 빨리 노화가 일어난다고 한다. 그런데 운동이 신체에 미치는 효과보다 뇌에 미치는 영향이 더 크고 뇌의 노화를 더디게 한다. 알츠하이머나 치매 같은 질병 발생 시기를 가장 늦출 수 있는 치료제는 운동이다.

하버드 의대 임상 정신과 교수이자 『운동화를 신은 뇌(SPARK)』의 저자

존 레이 티는 이렇게 말한다.

"운동의 가장 두드러진 장점 중 하나는 학습 속도를 빠르게 한다는 점이다. 방법은 간단하다. 운동화 끈만 졸라매면 된다."

하브루타로
질문하고 토론하라

그림을 그리려고 아이가 물감을 꺼내고 붓을 꺼내고 부산스럽다. 팔레트에 물감을 짜고 하얀 스케치북 위를 거침없이 다양한 색깔로 그림을 그린다. 그러다가 '이 색깔이랑 이 색깔이랑 섞으면 무슨 색 되지?' 하며 각각의 색깔을 섞어보기도 한다. 어느 것 하나도 같은 색이 나오지 않는다. 같은 초록색이어도 좀 더 연하거나 좀 더 어둡거나 아니면 짙은 청록색이 되기도 한다. 저마다 다른 색으로 자신을 표현한다.

하늘 아래에 같은 사람이 한 명도 없다. 아이들도 각각 개성이 다 다르다.

가지고 태어난 기질이 다르고 능력 또한 다르다.

그런데 내 아이가 다르다는 것을 인정하고 그 자체로 사랑해주기보다는 평범한 다른 아이들을 기준으로 삼게 된다. 그 기준에 맞추기 위해 내 아이의 개성을 조금씩 가지치기하듯 쳐내버린다.

같은 색깔을 만들려고 물감을 섞으며 애를 쓰는 것처럼 내 아이를 평범하게 만들기 위해 애를 쓰는 듯하다. 본인의 색깔을 뽐내려고 이 세상에 태어났다가 점점 자신의 색깔을 죽이고 이것저것 섞다가 똑같은 회색이 되어간다.

내 아이도 예민하게 태어나고 다른 아이들과 달리 한 가지에 매달리면 완벽해지기까지 자기 자신을 못살게 군다. 선이 조금 삐뚤다고, 또는 글씨를 쓰고 지웠는데 지운 자국이 보인다고, 종이접기 좌우 대칭이 조금 다르다고 못 견디는 아이다.

아이를 있는 그대로 받아들이지 못했을 땐 별거 아닌 걸 가지고 힘들어하는 아이가 이해가 되지 않았다. 그리고 다른 아이들처럼 적당히 그리고, 적당히 만족했으면 싶었다. 특별함을 가지고 태어난 아이를 평범한 아이가 되게 엄마가 능력을 빼앗고 있던 거였다.

아이의 특별함을 그대로 인정하고 지켜주면서 조금씩 바른 생각을 스스로 할 수 있게 해주어야 한다. 가장 좋은 방법은 스스로 질문하고 스스로 생각하게 하는 것이다. 어찌 보면 요즘 교육 환경에서 가장 힘든 방법이 아닐까 생

210

각한다. 그냥 학원을 보내면 교과 과정 중 시험에 자주 나오는 문제들을 뽑아주고 간단하게 정답을 찾는 법을 알려준다. 그런데 스스로 질문하고 답을 구하기 위해 많은 시간을 들여 끙끙대는 걸 아이도 부모도 원하지 않는다.

하지만 이런 과정들이 익숙해지고 할 줄 알아야 앞으로 본인이 왜 공부를 해야 하는지 그리고 무엇이 부족한지 어떻게 해결할지 스스로 찾고 노력한다. 그래야 결과적으로 원하는 삶을 살 수 있다.

학교에서 돌아온 아이들에게 건네는 첫마디는 무엇일까? "오늘 학교에서 뭐 배웠어?", "단원평가 본 거 몇 개 틀렸어?" 같은 말들이 아닐까 한다.

유대인의 부모는 자녀가 학교에서 돌아오면 무엇을 배웠는지보다 선생님께 질문을 많이 했는지를 물어본다. 우리나라 부모들처럼 선생님이 한 질문에 대답을 아니 정답을 잘 말했는지가 아니라 자신이 궁금하고 모르는 것을 얼마나 물어보았는지가 중요한 것이다.

아직까지는 우리의 교육 현실이 많은 질문을 통해 이루어지는 교육이 아니다 보니 듣는 수업인 것은 사실이다. 모르기 때문에 배우러 가는 곳이 학교인데 한 번 들은 수업으로 모두 기억하고 척척 풀어내는 기특한 아이를 원하는 것은 아닌가 반성해본다.

내가 요즘 항상 나에게 하는 말이 있다.

"나의 기억력을 믿지 말자."

"나의 의지는 강하지 않다. 그러니 지금 바로 실행해라."

조금 전 읽은 책 내용도 잊어버리고 냉장고 앞에 서서 무얼 가지러 왔는지 한참을 생각하는 나의 기억력을 믿지 않는다. 그래서 메모하고 기록해야 한다. 해야 할 일이 생각나서 이것만 하고 이따 해야겠다고 생각하고도 내가 나중에 반드시 그 일을 한다고 믿을 수 없다. 그냥 지금 바로 해야 하는 이유다.

나는 그렇게 부족하면서 아이에게는 많은 상처를 주었다. 수학 문제를 못 풀고 있으면 "이거 학교 수업시간에 배운 거 아니야?", "선생님이 이거 가르쳐주지 않았어?", "수업시간에 딴짓했어? 왜 기억을 못 해?" 이런 말이나 하고 있다. 엄마가 성장하지 못하는데 무슨 아이를 키우겠다고 이러고 있나 뒤돌아서서 반성을 많이 했다. 모르는 것을 질책하지 말고 질문을 통해 알아가려고 하는 아이를 칭찬해주어야겠다.

우리가 편리한 생활을 할 수 있도록 발명된 모든 것들은 사소한 궁금증에서 시작된 것이다. '컴퓨터가 꼭 책상 위에만 놓여 있어야 할까?'라는 질문이 지금 내가 이 글을 쓰면서 사용하는 노트북을 만들어낸 것이다.

어려서부터 생각하고 질문하는 습관을 키운 사람들이 이런 창의력을 가지게 된다. 창의력을 키우는 방법 중 최고의 방법은 독서다. 책을 읽고 질문하고 토론하는 하브루타 독서법이야말로 효과 좋은 책 읽기 방법이다.

아이가 1~2학년 때는 독서록을 편안하게 썼다. 그런데 3학년에 들어가서는 독서록을 쓰는 데 조금 진지해졌다. 읽은 책들도 이야기 흐름이나 주인공 감정선들이 조금 복잡해져서 그런지 자신의 감정과 생각도 잘 정리해서 쓰고 싶어 했다. 예전엔 하루에도 두세 권씩 독서록을 잘만 쓰더니 한 권을 쓰면서도 생각이 많아져서 힘들어했다.

그럴 때 제일 좋은 방법은 읽은 책을 가지고 이야기를 나누고 쓰는 것이다. 처음에 아이가 읽은 책 줄거리를 나에게 열심히 이야기해주고, 그다음에 서로 질문을 해간다.

"서인이는 왜 속상한 것 같아?"

"자기 옷인 줄 알았는데 다른 딸아이 옷이라잖아. 딸은 서인이 하나인데."

"그럼 딸이 자기뿐인 줄 알았는데 또 있다는 거야? 세상에!"

"그건 아니고 엄마가 아프리카에 후원하는 딸이 또 있대."

" 아~ 난 또. 다행이네. 서인이는 자매가 생기니까 좋은 거 아니야?"

"엄마는 왜 내 동생 안 낳았어? 나도 동생이 있으면 좋겠다고 했는데."

"사랑을 둘로 나눠주기 힘들어서. 엄마는 너만 사랑했는데 분명 둘째가 생기면 둘째도 너무 이쁠 것 같은데 사랑을 둘로 쪼개줄 마음의 준비가 안 되었어."

"근데 나는 서인이처럼 속상할 것 같아. 아프리카에 있는 딸도 서인이 엄마

보고 엄마라고 부른다잖아. 내 엄마를 다른 사람도 엄마라고 하는 거 싫은데."

이렇게 대화를 나누다 보면 아이의 속마음도 알 수 있다. 그리고 아이 스스로 책을 읽고 난 후의 자기 생각을 정리해간다. 서로 질문하고 대답하면서 자신의 감정을 객관적으로 보고 다른 사람의 생각도 들으면서 바르게 성장해간다.

아이들은 자기 생각을 말할 때 부모가 진지하게 들어주면 존중받고 있다고 생각을 한다. 아이의 자존감은 이렇게 존중받고 있다고 느낄 때 비로소 높아진다.

하브루타는 유대인 전통 교육법으로 두세 명씩 짝을 이뤄 질문하고 토론하는 방식의 교육법이다. 엄마와 아이가 책 읽기를 통해서도 쉽고 간단하게 할 수 있다.

아이가 아직 책을 혼자서 잘 읽는 편이 아니라면 자기 전 책을 읽어주며 서로 질문하며 읽어도 좋은 방법이다. 한 페이지씩 번갈아 읽으며 자신이 읽은 페이지에서 질문 하나씩 해보면 좋다. 대신 "이러면 안 되지 않을까?", "이건 좋은 방법이 아닌 것 같은데?", "너는 이러면 절대 안 돼!" 같은 원하는 대답을 정해놓고 아이에게 그 대답을 유도하는 질문은 좋지 않다.

아이가 '좋다', '나쁘다'와 같이 세상을 두 가지로만 바라보지 않고 '왜 그럴까?'라는 깊이 있는 생각을 통해 열린 시선으로 성장할 수 있도록 도와주어야겠다.

유대인은 세계 인구 중 0.2%에 불과하다. 특별히 IQ가 높거나 하지 않는데도 세계 경제의 중심에 서 있는 인물 대부분이 유대인이다. 우리가 잘 알고 있는 유대인은 빌 게이츠, 스티브 잡스, 마크 저커버그, 스티븐 스필버그, 아인슈타인 등 셀 수 없이 많다.

유대인들은 태어나서부터 특별한 교육을 받는다. 매일 식사 시간 탈무드 교육을 받고 질문과 토론을 통한 교육법인 하브루타 교육을 한다. 결국 질문하고 생각하는 사고력을 키워주는 교육을 평생 받고 자란다. 우리 아이도 가족과 함께 서로의 생각을 듣고 이야기하는 과정을 통해 갇힌 사고방식에서 벗어나 더 크게 성장할 수 있다.

06

아이 스스로 고른 책이
권장 도서다

학교와 우리 집 사이에는 시립도서관이 있다. 그 도서관 길 건너편에 빵집이 있다. 우리 아이는 빵집으로 책을 읽으러 간다. 크고 넓은 공간에 없는 책 빼고 다 있는 도서관을 지척에 두고 달콤하고 고소한 냄새를 맡으며 빵집에 책을 읽으러 간다.

학교가 끝나고 아이를 데리고 도서관에 갔다. 한참을 책을 읽고 놀다 보니 저녁 6시가 다 되어서 어린이 열람실이 문을 닫을 시간이었다. 너무 오래 있기도 해서 2층 성인 자료실로 올라가서 더 읽자고 하기는 힘들 것 같았다. 신랑은 저녁을 먹고 들어온다고 하니 급히 집으로 가서 저녁 준비를 하지 않아도 되었다. 천천히 도서관을 나와 집으로 가는 건널목 앞에서 신호등 불빛이 바뀌기를 기다리고 있었다. 아이가 신호를 기다리다가 건너편 빵집을 보더니 빵을 먹자고 한다.

"엄마, 빵 먹고 가면 안 돼? 나 좀 출출한데."
"그래? 저녁 먹을 시간이긴 한데 아빠도 먹고 온다고 하니까 그럼 빵 간단히 먹고 집에 가서 배고프면 더 먹지 뭐."

그렇게 합의를 보고 빵집으로 들어가 아이는 빵을 골랐다. 나는 오후 2시 반쯤부터 아이와 함께 도서관에서 집중하고 책을 읽었더니 정신을 차릴 카페인이 필요해 커피를 시켰다. 자리에 앉아 빵을 먹으며 이런저런 얘기로 간만에 저녁 시간에 둘이 데이트하며 신이 났다. 아이가 앉아 있다가 창가 책꽂이에 있는 책으로 다가가더니 책을 한 권 들고 왔다.

"엄마, 이거 만화책인데 빵 먹는 동안 읽어도 돼?"
"뭔데?"
"그리스 로마 신화."
"그리스 로마 신화 저번에 도서관에서 엄마가 권했는데 별로라며."
"이건 만화책이라 그냥 한번 빵 먹는 동안 보게."

"그래. 어차피 도서관에서 빌린 책도 없으니까 그거라도 빵 먹는 동안 읽어."

도서관 도서 대출이 한 사람당 7권까지 가능한데 도서관 회원증을 가족 회원으로 묶어서 우리 가족 모두 21권 대출할 수 있다. 그런데 내 책, 신랑 책, 아이 책까지 다 빌렸더니 21권이 이미 다 차서 그날은 도서관에서 대출한 아이 책이 가방에 없었다.

아이는 빵을 먹으며 책을 읽기 시작했고 나는 가방에 있던 내 책을 읽으며 커피를 마셨다. 어느새 해는 지고 길가에 가로등이 켜지기 시작했다. 오래간만에 여유로운 저녁 시간이다. 저녁 준비를 안 하고 이 시간에 이렇게 앉아 커피를 마시고 있으니 참 좋다고 생각이 들었다.

저녁 시간이 엄마들은 가장 분주하고 바쁜 시간이다. 저녁을 준비해서 먹고 설거지하고 아이 숙제도 확인해야 한다. 아이가 씻고 나오면 책가방 잘 챙겼나 봐주다 보면 벌써 잘 시간이다.

커피를 다 마시도록 아이는 책을 덮지 않았다. 그러더니 아예 순서대로 두세 권을 테이블에 가져다 놓았다.

"더 읽게? 엄마 커피 다 마셨는데… 집에 안 가?"
"미안 엄마, 이것만 읽고."

뭐 집에 대단히 바쁜 일이 있는 것도 아니고 이참에 나도 실컷 쉬자 생각하고 커피 한잔을 더 주문했다. 아무리 카페가 겸해져 있는 빵집이지만 책을 가져다 너무 오래 있는 건 아닌지 눈치가 보였다. 우리 둘은 아무 말 없이 각자의 책만 읽고 있었다.

문득 시계를 보니 세상에 8시를 넘어 9시가 다 되어가고 있었다. 빵집에는 손님이 우리 외엔 아무도 없고 슬슬 마감 준비를 하는 듯했다. 아이에게 인제 그만 가야 한다고 얘기했더니 아쉬워하며 책을 정리하고 나왔다.

걸어서 집으로 가며 아이에게 책이 그렇게 재미있었냐고 물었다. 그리스 로마 신화를 책으로 볼 때는 지루해 보였는데 만화책으로 보니까 신들의 모습이 너무 멋져서 재미있다고 했다. 아마도 잠깐 책으로 읽었을 때 자신이 상상한 신들의 모습보다 더 화려하고 환상적이었던 것 같았다.

아빠가 늦게 돌아오자 빵집에서 책을 읽은 얘기로 한참을 떠들었다. 도서관에서 긴 시간 읽은 책은 기억 저편으로 사라진 지 오래다.

그 후로 주말에도 산책을 갔다가 빵집으로 갔고 그 많은 시리즈를 한 권씩 읽어나가기 시작했다. 한동안 도서관 가듯이 빵집으로 책을 읽으러 갔고, 오래 머무를 것 같아서 빵도 음료도 넉넉히 시켜놓고 앉았다. 그 시리즈를 다 읽고 나서 빵집 도서관 나들이는 끝났다.

학교마다 학년별로 권장 도서를 학기 초에 나눠준다. 사실 선생님들은 권장 도서를 포함해서 책을 읽고 독서록을 쓰길 권한다. 나도 1학년 처음 입학하고 나서는 그 프린트를 들고 도서관에서 검색하며 책을 찾으러 다니기 바빴다.

대여섯 권 찾고 책상 위에 놓으면 각양각색이다. 분야도 다양하지만 읽기 수준이 다르다. 어떤 것은 우리 아이 읽기 수준보다 낮은 그림책 같고 어떤 것은 제법 글밥 많고 두껍다. 아이는 힘들게 찾아놓은 책들을 대충 훑어보더니 한 권 고르고는 다 안 읽는다고 한다.

그래도 '1학년이면 이 정도는 다 읽어야 하는 거 아닌가? 내 애만 이 책을 안 읽은 거면 어쩌지?' 이런 생각으로 아이가 읽어주면 참 좋겠다고 생각했다.

권장 도서 목록을 보며 이 정도의 지식은 있어야 1학년을 보낼 수 있다고 생각했다. 거기서부터 내 생각이 잘못된 거였다. 책은 그냥 재미있게 읽는 책이 되어야지 그 권장 도서를 공부라고 생각한 그것부터 잘못이다.

권장 도서를 꼭 그 학년을 보내는 동안 읽어야 한다고 생각하지 않아도 된다. 말 그대로 권장 도서일 뿐이다. 아이마다 읽기 수준이 다 다른데 권장 도서만 믿고 아이의 학년에 읽어야 한다고 강요하면 아이는 읽어낼 수 없을지도 모른다. 또는 읽기 수준이 높은 아이들은 시시하다고 생각할지도 모른다.

어릴 때부터 꾸준히 책을 읽으며 자라는 아이들은 있어도 어느 날 갑자기 책을 읽기 시작하는 아이는 드물다. 갑자기 아이 수준에 맞지 않은 권장 도서를 주며 읽으라고 하면 아이는 책 읽기를 힘든 공부로 생각하기 쉽다.

아이가 고른 책이 유치원 아이들이 읽을 법한 그림책이든 청소년 문고이든 본인 스스로가 그 정도면 읽을 수 있겠다고 생각한 책을 고른 것이니 재미있게 읽도록 두자. 대신 읽는 책들을 잘 살펴보면서 어느 정도 기간이 지나면 한 단계 정도 높은 수준의 책으로 유도해주면 좋다.

한두 페이지 엄마가 읽어주면서 읽기 수준을 올려주면 나중에는 아이가 골라오는 책 수준이 그 정도로 올라온다. 아무리 맛있는 것을 권해도 못 먹는 음식이 있듯이 권장 도서가 모든 아이에게 맞지 않을 수도 있다.

07

전집은 1권부터
다 읽지 않아도 된다

아이가 태어나고 처음으로 전집을 샀다. 어렸을 적 친구 집에서 본 '세계명 작동화전집'이 내가 아는 첫 전집이다. 그때는 우리 집에는 없던 책이라 궁금 하기도 하고 호기심이 생겼다.

그때 그 전집이 우리 집에 있었다면 잘 읽었을까? 나의 호기심을 끌었으 니 분명 읽긴 읽었을 것 같다. 그런데 그 당시에도 『호두까기 인형』이나 『백조 의 호수』는 읽고 싶었지만 『정글북』이나 『걸리버 여행기』는 별로 관심이 가지 않았다. 여자아이가 나오는 예쁜 이야기만 읽고 싶었던 것 같다.

그 시절 책장에 멋지게 꽂혀 있는 전집은 부의 상징이었다. 출산 후 책장

가득 전집이 좌르르 꽂혀 있는 아이 방을 갖고 싶었다. 아이 침대와 출산용품으로 꽉 찬 좁은 방에 기어코 한 벽면을 책장으로 장식했다. 그리고 신중하게 검색에 검색을 거듭한 끝에 '절대 실패 없는 전집'을 골라냈다. 책이 배송되자 텅 비어 있던 책꽂이 몇 칸이 순식간에 채워졌다. 그날부터 아이에게 마르고 닳도록 읽어주었다.

주변 어린아이를 둔 집에서 유아 책의 명품이라 불리는 '몬테소리'나 '프레벨'을 100만 원이 넘는 금액을 주고 사는 것을 자주 보았다. 나는 큰맘 먹고 산 전집이 4분의 1 값이었는데도 아까워서 읽고 또 읽어주었다.

비싼 전집은 정말 아이가 좋아하는지, 내용은 얼마나 좋은지 슬쩍 물어봤다. 그런데 잘 안 읽게 된다면서 아까워했다. 혹시라도 중고로 팔아야 할지 모르는데 아이가 찢기라도 할까 봐 조심스럽단다.

지금도 그렇게 비싼 전집은 살 생각도 없지만, 그 당시 내가 여유롭지 못했던 걸 감사하게 생각한다. 아마 비싼 전집도 엄마가 잘 읽어줬다면 분명 아이도 좋아했을 것이다. 그런데 그 시기엔 비싼 전집이 아니어도 엄마가 그림이 예쁜 책을 많이 읽어주는 것만으로도 충분하다.

값싼 전집을 샀기에 부담 없이 책과 놀이하듯 읽어줄 수 있었다. 아이가 걷기 전까지는 물건 하나 사러 나가기도 여간 힘든 게 아니다. 집에서 읽어줄 책이 많이 있어야 해서 지인에게 얻은 전집에 온라인 중고서점에서 사들인 전집들로 책장이 채워졌다.

아이가 어렸기 때문에 내가 고른 책을 아침, 저녁으로 읽어주기만 해도 좋아했다. 그때는 취향이 따로 없고 엄마가 읽어주는 책의 그림만 보면서도 눈이 초롱초롱했다. 같은 책을 여러 번 읽어주다 보니 내가 지겨워서 자꾸 중고 전집을 사게 되었다.

어느 날 블로그를 통해 아이가 잘 읽는 전집 리뷰를 올렸다. 그랬더니 블로그를 통해 같은 또래 아이를 둔 엄마가 고민을 상담해왔다. 지인에게 비싼 전집을 소개받아서 샀는데 잘 읽어주지 못해서 아쉽다고 한다. 그렇게 처음에 산 전집도 장식품이 되어가는데 아이가 조금 크니까 판매자에게서 또 전화가 온다고 한다.

아이가 이 나이에는 이런 책을 읽어줘야 한다며 주변에 안 읽는 아이가 없다고 했다. 그러면서 자기만 아이 발달에 맞는 책을 안 사주고 있나 불안해진다고 했다. 게다가 그즈음엔 자신에게 전집을 소개해 준 지인의 아이는 방문 선생님이 와서 교구 수업을 받고 있다면서 지금 하지 않으면 늦어진다는 말을 했다고 한다.

내 조언을 듣고도 결국 불안해하던 그 엄마는 방문 수업을 신청했다. 경제적으로 어렵다고 하소연하면서도 영업에 넘어가 두 번째 전집을 들이고 방문 수업으로 넘어갔다.

그 전집 구매는 결국 한글 떼기까지 넘어가서야 끝이 났다. 다른 친구들은 벌써 다섯 살에 한글 읽기 프로그램을 시작했다는 판매자의 말이 고민 많던 엄마를 더욱 불안하게 했고 결국 한글을 떼기 위해 카드 할부로 마지막 전집을 구매했다.

비싼 전집이 나쁘다는 것은 아니다. 단지 꼭 비싼 전집일 필요는 없다고 말하고 싶다. 온라인 중고서점에서 저렴하게 산 전집으로 많이 읽어주었더니 한글은 그냥 아이 스스로 저절로 떼게 되었다. 방문 수업시간 때문에 놀러 못 나가는 대신 개미, 나무, 돌 구경하며 놀이터에 실컷 놀러 다녔다. 아무리 비싼 전집도 엄마가 읽어주지 않으면 그 가치가 없다.

아이가 조금씩 커가면서는 자기가 좋아하는 책이 생기기 시작한다. 반복되는 말이 재미있다던가, 그림이 마음에 든 책을 반복해서 읽는다. 아이가 한글을 떼기 전까지는 책을 많이 읽어주어야 하는 시기이므로 전집을 엄마가 선택해도 나쁘지는 않다고 생각한다. 많은 양을 읽어주며 아이와 대화하는 것이 더 중요하다.

그런데 일곱 살 정도 되어서 한글을 떼고 혼자 읽기 시작하면 그때는 아이에게 확실한 책의 취향이 생긴다. 아이 읽기 수준에 맞는 전집을 구매해도 아이가 읽지 않을 가능성도 있다. 분명 아이들 대부분이 좋아한다고 하는 전집이어도 내 아이는 싫어할 수 있다. 그래서 보통 그때 엄마들이 전집을 사주고 읽지 않으면 강요가 시작되고 그다음 책 구매를 멀리하게 된다.

전집을 비싸게 주고 구매했는데 관심도 없고 읽지도 않으니 내 아이는 책을 싫어한다고 판단해버리는 것이다. 그 전집이 읽기 싫은 것뿐인데 안타깝게도 책과 친해질 기회를 더 멀어지게 해버린다. 아이 수준에 맞지 않거나 아이가 관심이 없는 분야인데 그 시기에 읽어야 한다는 이유로 자연관찰 책이나 역사, 위인 전집을 구매했을지도 모른다.

내가 산 전집을 우리 아이도 1권부터 60권까지 다 읽는 것은 아니다. 어떤 전집은 두세 권 읽고 그냥 꽂혀 있는 것도 있고 어떤 전집은 한두 권 빼고 몇 번을 반복해서 읽은 것도 있다.

작년에 사준 위인 전집인데 며칠 전에야 한 권 뽑아 읽더니 '재미있는 책이었네.' 하며 한 권씩 읽기 시작했다. 전집은 책을 한 번에 고르고 구매하기 편해서 사준다. 폭발적으로 책을 읽는 시기에 단편으로 한 권씩 구매하기에는 내 시간도 부족하고 아이와 매번 책을 고르고 사기도 힘들기 때문이다.

적당한 전집을 구매해주고 단편들은 읽고 싶은 책이 생길 때마다 사준다. 단편들도 시리즈로 나온 책이면 한꺼번에 구매한다. 대신 절대 전집이든 시리즈든 사주었으니 다 읽으라고 강요하지 않는다. 잘 보이도록 꽂아두거나 식탁 위에 펼쳐둘 뿐이다.

아이들은 전집이 꽂혀 있는 책장을 보면 숨이 막힌다. 빼곡하게 틈도 없이 같은 색깔로 번호순으로 꽂혀 있으면 내가 봐도 다 읽어야 하는 압박감에 오히려 한 권 꺼내오기도 쉽지 않다. 그래서 요즘은 전집도 크기와 표지색을 달리해서 일정하지 않게 나오기도 한다.

아이 정서상 책을 일정하게 정리해두는 것은 좋지 않다고 한다. 전집을 몇 권씩 섞어서 꽂는 것도 좋은 방법이다. 어차피 아이는 읽고 싶은 책을 눈에 띄는 대로 꺼내 읽을 것이기 때문이다.

이쯤 되면 전집은 당연히 1번부터 읽어야 한다는 고정 관념에서 벗어났을 것이다. 그러면 전집을 다 읽어야 한다는 생각에서도 벗어나야 한다. 어떤 육아서에서는 '전집 한두 권만 읽어도 성공이다.'라고 한다.

아이가 등 돌렸던 전집도 언젠가 읽을 때가 있고 영원히 읽을 시기를 놓쳐 헤어져야 할 때도 있다. 그러니 비싸게 구매하지 말자. 온라인 중고서점에는 저렴한 전집도 단편도 넘치게 많다.

중고 책을 사주다 보면 똑같은 전집인데 가격이 엄청 차이가 나는 경우가 있다. 다른 이유가 아니라 60권 세트인데 두 권이 부족하거나 한 경우다.

나도 처음엔 이 권수 부족이 껄끄러워서 온전히 다 있는 세트를 샀었다. 혹시라도 그 부족한 두 권을 아이가 좋아하면 어쩌지 하는 어처구니없는 생각 때문이었다. 이것만 보더라도 얼마나 엄마들이 전집을 1권부터 끝까지 풀세트로 사고 다 읽히고 싶어 하는지 알 수 있다. 나도 그랬으니까 말이다. 그런데 정작 아이는 상관이 없다. 어차피 그게 43번이든, 27번이든 자기가 읽고 싶은 책만 골라서 읽을 테니까.

전집이라고 다 숨이 막히고 나쁘지만은 않다. 한글을 떼기 전엔 엄마가 읽어주는 책이 많아야 하니까 전집이 더 유용하다. 초등학교 시기에는 전집을 모두 읽어야 한다는 강요만 하지 않는다면 풍부한 도서량이 책과 친해질 확률을 더 높여준다.

어떤 순서대로든 아이가 원하는 대로 골라 읽고 즐기게 해주면 된다. 시간적 여유가 되면 단편으로 골라서 책을 많이 사주어도 되고 적당히 전집과 단편을 섞어서 책이 부족하지 않게만 해주면 좋겠다. 책을 읽어야 할 순서는 아이들이 스스로 결정한다.

08

학원을 관두고 책을 읽힐
용기를 가져라

"오늘의 나를 있게 한 것은 우리 마을의 도서관이었다. 하버드 졸업장보다
도 소중한 것이 독서하는 습관이다."

마이크로 소프트 창업자이자 독서광인 빌 게이츠가 한 유명한 말이다.

부모들은 무엇을 위해 자녀에게 공부를 시키는 것일까? 이 질문에 확실하
게 답할 수 있는 자기 생각으로 교육해야 한다고 생각한다. 그래야 주변 시선
이나 유행에 휩쓸려 갈팡질팡하지 않는다. 나는 공부를 열심히 시키는 것에

반대하지는 않는다. 그리고 무조건 사교육을 반대하지도 않는다. 다만 부모가 자녀 교육의 목적이 확실해야 한다는 것이다. 그래야 옆집 따라 학원을 등록하고 옆집 아이와 비교하며 아이를 바라보는 시선에서 자유로워질 수 있다.

요즘 얼마나 많은 아이가 학원에 다니고 힘들어하면 아이가 읽는 책에서까지 학원 때문에 힘들어하는 아이들이 등장하는가. 어제는 아이가 골라온 윤해연 저자의 『놀면서 해도 돼』를 자기 전에 읽어주었다.

주인공이 학교 끝나면 학원, 학원 끝나면 또 다른 학원으로 하루하루를 보내는 것을 보고 딸과 나는 서로 마주 보며 입이 떡 벌어졌다. 요즘 아이들이 학원을 많이 다니고 있다는 것은 알고 있었지만 마치 주인공이 학교 친구들처럼 느껴져서 더 그랬던 것 같다.

부모가 보내는 학원은 다양하다. 영어, 수학, 논술, 과학, 피아노, 태권도, 수영, 미술, 검도, 축구 등등 수없이 많다. 거기에 방문 선생님과 함께 집에서 학습지까지 한다.

학기 초에 학원을 요일별로 분류하고 시간대별로 일정표를 잘 짜던 엄마가 뿌듯해하던 모습이 생각난다. 비는 시간 없이 짜느라 힘들었다고 했다. '아이는 비는 시간이 없어 힘들어하더라.' 하고 말해주고 싶었지만 남의 집 교육에 이래라저래라 오지랖 넓게 말할 자신이 없어 '나나 잘하자!' 하고 말았다.

학교 수업이 끝나고 피아노 학원에 들렀다가 나온 딸과 학교 근처 카페에 갔다. 피아노가 너무 치고 싶어 다니게 된 피아노 학원에서 배운 곡을 카페 테이블에서 손가락으로 치며 보여준다. 학교에서 있었던 일을 한바탕 이야기하고 음료를 마셔가며 아이는 책을 읽고 나는 글을 쓰고 있었다.

유리창 너머로 책가방을 그대로 멘 채 학원으로 가는 아이, 학원 끝나고 다른 학원버스를 기다리는 아이들이 보인다. 지금은 딸도 친구들이 많은 학원에 다니느라 힘들다는 것을 안다. 예전에는 아무리 친구들이 학원을 많이 다니느라 힘들 거라고 말해도 못 믿는 눈치였다. 딸도 유리창 밖 친구들을 안쓰러워하는 표정으로 바라보았다.

잠시 뒤에 엄마 둘이 아이들을 위층 영어 학원에 올려 보내고 카페로 들어왔다. 엄마 둘이서 열띤 토론을 하는 바람에 본의 아니게 토론에 같이 참여하는 기분으로 앉아 있었다. 그 열기가 얼마나 뜨거웠는지 나도 아이도 하던 일에 집중하지 못하고 바로 곁에서 같이 토론하는 기분이었다.

아마 카페에 있던 다른 손님들도 다 함께 한 토론이었을 것이다. 그 엄마들의 화제의 주인공(K군)은 같은 아파트에 사는 자녀들과 같은 또래의 친구였다. 들어보니 이 두 엄마는 1학년 자녀를 둔 엄마들이고 수학과 영어 학원을 함께 보내는 것 같았다. 그런데 그 K군은 학원에 다니지 않는데 공부를 어떻게 잘하는지 둘이 머리를 맞대고 비결을 찾고 있었다.

"아니. 학원을 안 다니잖아. 그런데 지금 두 자릿수 덧셈, 뺄셈 끝나고 곱셈 들어갔다잖아."

"뭐? 곱셈? 아니 근데 그 엄마는 자기가 시킨다는데 뭘로 시킨다는 거야?"

"몰라. 문제집으로 시키는 것 같던데 기탄수학을 몇 단계 푼다는 것 같던데…"

"우리 애도 기탄수학 해. 근데 뭐가 다른 거야? 수학 학원도 가는데 미치겠어."

미칠 지경인 것은 듣는 내내 귀가 따가운 나다. 그렇지만 저렇게나 흥분하며 자녀 교육에 열의를 쏟는 엄마 마음도 이해는 간다. 내가 더 많이 시키는데 내 아이가 뒤처지니 속이 이만저만 상한 게 아닐 거다.

K군의 비밀은 끝내 풀지 못하고 대화가 끝나는 듯했다. 그런데 이제 영어 학원 끝나서 집에 가면 학원 숙제를 해야 하는데 수학 문제집까지 풀고 학교 숙제까지 하려면 시간이 부족하다고 걱정한다. 본인들이 만든 걱정거리에 힘들어하는 모습을 보니 안타까웠다.

너무 시끄러워서 글도 못 쓰고 아이도 책을 못 읽어서 급히 챙기고 나왔다. 걸어가면서 아이는 아무 말이 없었다. 아이도 엄마들 이야기를 다 듣고 있던 게 틀림없다.

걷다 보니 여자아이 둘이 책가방을 메고 지나가는 게 보였다. 딸아이가 같은 피아노 학원에 다니는 동생이라고 한다. "피아노는 한참 전에 끝났는데 아직도 집에 안 갔네?" 하고 말하는데 다른 학원 차에 오르고 있었다. 피아노 학원이 끝나고 다른 학원에 갔다가 이제 또 다른 학원을 가는 것 같다. 아이도 나도 안타까운 눈으로 서로 마주 보았다.

맞벌이 가정은 어쩔 수 없이 학원을 보내야 하는 상황도 있을 수 있다. 그리고 부족한 부분은 학원에 다니며 보충할 수도 있다. 단지 부모의 교육관이 확실했으면 좋겠다. 상황 때문에 어쩔 수 없이 학원을 보내야 한다면 결과가 좋지 않아도 아이를 탓하지 말고, 부족한 부분을 보충하려고 보내는 것이라면 남과 비교하지 말았으면 좋겠다.

아이가 선택하고 진짜 원하는 것을 시켜주면 더없이 좋은 결과를 가져온다고 생각한다. 엄마들이 학원을 보내는 것은 불안 심리 때문이다. 다 같이 안 보내면 우리 애도 안 보낼 수 있을 텐데 옆집 아이가 다니고 성적이 오른다고 하니 불안해서 나만 안 보낼 수가 없다.

책도 곧잘 읽히고 학원을 보내지 않고 잘 지내던 엄마들도 초등학교에 입학하면 흔들린다. 1학년을 그냥 지내다가도 2학년이 되면서 학원을 보내야 할 것 같아서 고민한다.

아이들에게 좋은 성적, 좋은 대학, 좋은 직업을 얻기 위해서 지금부터 노는 것쯤은 포기하고 살아야 한다고 말한다. 그렇다면 아이는 앞으로 놀 시간은 영영 없는 것 아닐까? 초등학교 고학년이면 더 공부해야 하고, 중학교부터는 입시공부에 돌입해서 더 해야 하고, 좋은 대학을 어렵게 들어갔다고 해도 좋은 직업을 위해 더 많은 시간을 들여 공부해야 한다.

일단 대학만 들어가서 놀라고 엄마들은 말한다. 대학에 들어가서 진정한 공부를 시작하는 외국과는 정반대다. 그런데 요즘 한국도 대학에 들어가서 노는 대학생들은 더더욱 없다.

예전 같으면 신입생 때 자유를 만끽하며 놀다가 4학년 졸업반이 되어서야 취업 준비하고 자격증 시험 준비를 했었다. 지금은 1학년 들어가자마자 공무원 시험을 준비하든지 취업을 위해 토익 학원에 다니고 입사 준비를 시작한다.

엄마들이 더는 불안해하지 않았으면 좋겠다. 그리고 독서의 힘을 꼭 믿었으면 좋겠다.

우리 아이의 미래는 좋은 직장이 아니라고 생각을 조금만 바꾼다면 아이는 훨씬 행복한 공부를 할 수 있다. 자신의 꿈을 찾고 그 꿈을 위해 스스로 공부하는 힘은 독서만이 가르쳐줄 수 있다.

그리고 옆집 엄마의 말에 불안해지지 말고 내 아이의 능력을 믿고 책과 함께 흔들리지 않고 나아가면 좋겠다. 이 말은 나 자신에게 하는 말이기도 하다.

지금 용기를 내어 학원을 끊고 아이에게 신나게 뛰어놀 시간과 책을 읽을 시간을 만들어준다면 우리 아이는 평범한 인생이 아닌 특별한 삶을 살아갈 것이다.

책을 읽고 모두 성공하지는 않는다. 다만 성공한 사람 중에 책을 읽지 않은 사람은 없다는 것을 꼭 알았으면 좋겠다.

5장

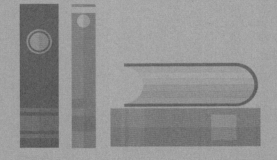

어떤 공부보다
책 읽기가
먼저다

어떤 공부보다
책 읽기가 먼저다

"아빠는 입버릇처럼 말씀하셨어요. '계속 하다 보면 저절로 알게 된다.', 또 '누구나 다 할 수 있지만, 사람마다 두뇌가 다르므로 필요한 시간이 다르다.' 라고요."

로널드 F. 퍼거슨, 타샤 로버트슨의 저서 『하버드 부모들은 어떻게 키웠을까』에 나오는 리사 손(『메타인지 학습법』의 저자)의 인터뷰 내용이다. 우리가 하는 모든 행동은 누구나 할 수 있지만, 사람마다 잘할 수 있을 때까지 필요한 시간이 다르다. 공부도 운동도 책 읽기도 누구나 다 할 수 있지만, 시간이 좀 더 필요하거나 더 큰 노력이 필요한 사람도 있다.

아이들은 돌 전후로 비슷한 시기에 걸음마를 시작하지만, 아이마다 한두 달씩 차이가 난다. 하지만 특별한 장애가 없는 한 누구나 걷게 되는 것은 사실이다.

우리 아이도 걸음마를 빠르게 떼지는 않았다. 잡고 서기는 하는데 손을 놓지 못해 두려워했다. 돌잔치 때 아빠 손을 잡고 서 있다가 잠깐 떼고 두세 걸음을 걷고는 주저앉았다. 하지만 걷기 시작했을 때는 늦게 뗀 걸음마만큼 더 빨리 걷고 누구보다 지치지 않고 오래 걸었다. 넘어지고 일어서기를 남들보다 더 많이 했기 때문에 넘어지지 않는 방법을 확실히 깨우친 것이다.

공부도 비슷하다. 빠르게 간다고 더 잘하게 되는 것은 아니다. 늦게 걸음마를 떼는 동안 넘어지지 않는 방법을 차근차근 배우는 것처럼 공부도 하나씩 확실한 방법을 배워갈 때 길게 갈 수 있다. 끝까지 가는 것이 승리하는 것이다.

책을 읽히다 보면 자꾸 다른 아이와 비교를 하게 된다. 우리 아이보다 훨씬 책을 많이 읽는 아이도 많다. 아이가 적게 읽는 편이 아닌데도 도서관 옆에 앉은 아이가 두꺼운 책을 펼치고 집중하며 읽는 모습을 보면 깜짝 놀란다. 그에 반해 아직도 책을 고르느라 서가를 유람하듯 어슬렁어슬렁 돌아다니는 아이를 보면 마음이 조급해진다.

"아직 못 골랐어? 이 책은 어때?"

"그건 그림이 별로야!"

"이건? 이거 재밌을 거 같은데…. 이거 영화로도 나오고 엄청 유명한 거야."

"좀 두껍지 않아? 그리고 안이 다 흑백이야. 다른 거 읽을래."

책 고르다가 시간은 다 가고 내 속도 타들어간다. 포기하고 나만 자리로 돌아와 앉았다. 한참을 검색하고 돌아다니고 어슬렁대더니 책을 몇 권 들고 와서 앉는다. 느긋하게 이 책 저 책 표지를 들춰보고 훑어보더니 그제야 한 권을 펼쳐 읽기 시작한다.

늦게 읽기 시작해도 책은 읽는다. 기다려주면 읽게 되는 것을 그 잠깐 동안도 엄마의 시간대로 움직여주길 바란다.

아이마다 책 읽는 습관이 자리 잡는 시간이 다르다. '내 아이는 책을 싫어해서…'라고 포기하지 말았으면 좋겠다. 아이가 책을 좋아하게 되는 데는 어느 정도 시간이 필요한데 엄마들이 기다려주지 못한다. 반면에 아이가 공부한다고 하면 아마도 모든 것을 다 제쳐두고 기다려줄 것이다. 저녁 식사시간마저 뒤로 미뤄가며 공부하도록 배려해줄 것이다.

공부해서 성적이 오르는 데 시간이 걸리는 만큼 독서 습관이 자리 잡을 때까지도 시간이 걸린다. 그래서 옆에 아이와 비교하지 말고 하루에 조금씩이라도 꾸준히 읽게 해야 한다.

공부는 처음부터 공부로 받아들이면 절대 오래갈 수 없다. 공부하는 것 자체가 너무 힘들고 지겨운 과정이 되면 초등학교, 중고등학교 12년이라는 긴 시간 동안 버티기 힘들다. 늦게 가도 결국, 꾸준히 가는 아이가 원하는 것을 이룰 수 있다. 그러기 위해서는 꾸준히 버틸 힘을 만들어주어야 한다. 뇌 근육을 키워줘야 지치지 않고 끝까지 갈 수 있다.

보통 수학은 시기를 놓치면 나중에 따라잡기 힘들까 봐, 영어는 어릴 때 아니면 적응하기 힘들까 봐, 이런 생각으로 미리미리 선행학습을 시킨다. 나는 선행으로 지쳐 고등학교에 가서 공부를 포기한 사례를 수없이 많이 봐왔다. 반면에 책만 읽고 처음에 빛을 못 보다가 고등학교에 가서 공부에 대한 의지가 생겨 3년 만에 원하는 결과를 내는 아이도 많이 봤다.

우리는 살아가면서 크고 작은 문제를 만난다. 그럴 때 주위에 있는 사람들에게 하소연하고 조언을 구한다. 그러면 본인의 일처럼 열변을 토하며 '이렇게 하면 안 된다. 그건 절대 아니라더라.' 하고 조언해주는 사람들이 있다.

나와 같은 문제를 겪고 완벽하게 해결해서 성공한 사람에게 조언을 구해야 한다. 예를 들어 요즘 적금이율이 너무 낮아서 '주식에 투자하면 어떨까?'라는 생각으로 주변 엄마들을 만나서 조언을 구한다. 그러면 "주식 잘못했다가 망했잖아. 지금 투자하면 늦지 않아?"라고 말해주는 사람이 있다. 그런데 알고 보면 정작 투자를 해보지도 않은 사람이다.

내가 만약 유튜브를 처음 도전해본다고 하자. 그럼 "유튜브 요즘 얼마나 많이 하는데, 거기서 살아남기 힘들어. 엄청 구독자 수 많고 조회 수가 많아야 하는데… 얼굴도 다 나오고 말도 잘해야 하고."라는 답변이 몰려온다. 유튜브를 한 번이라도 도전해본 사람이 하는 말들일까? 정작 힘들거나 귀찮아서 도전을 포기한 사람들이 보통 그런 말을 한다.

부자가 되고 싶으면 옆집 엄마가 아니라 부자가 된 성공자들의 습관을 따라 하고, 훌륭한 아이로 키우고 싶으면 훌륭하게 키워낸 엄마의 이야기에 귀를 기울여야 한다.

같은 육아서를 읽어도 사람마다 받아들이는 게 다르다. 어떤 사람은 '새로운 얘기도 아니잖아. 별거 없네. 전에 다른 육아서에서도 읽어서 다 알고 있는 거라고.' 하며 포기하고 또 다른 방법을 찾는다. 반면에 '내가 저 방법을 끝까지 해봤나? 중간에 하다가 포기하지는 않았나?'라고 스스로 묻는 사람이 있다.

그래서 성공한 사람들이 누구나 다 공부 이전에 책을 읽으라고 조언하지만 쉽고 빠른 다른 방법을 찾아 헤매고 있다. 어떻게 보면 많은 성공 방법 중에 책 읽기를 내세우는데도 공부 잘하는 방법이 그렇게 간단할 리가 없다고 생각하는 것이다.

그렇다면 그렇게 쉽다고 하는 책 읽기를 끝까지 집요하게 해본 적이 있을까? 아마도 직접 해보니 그것 또한 쉽지 않다는 것을 알고 포기하게 되었을 것이다.

길게 공부를 하기 위해서는 힘들지만 초등학교 때 독서 습관을 만들어야 한다. 어찌 보면 짧은 기간 독서 습관을 만들고 평생 단단하게 성공할 수 있는 쉬운 방법이다.

우리가 살다 보면 중요한 일 중에 나중에라도 반드시 해야 할 일과 지금 당장 해야 할 일이 있다. 자녀들의 책 읽기 습관은 이 중에 어느 쪽에 해당한다고 생각하는가?

부모들은 어릴 때부터 책을 읽으며 성장한 성공한 사람들을 많이 알고 있다. 책을 읽어야 성공한다는 것도 대부분 부모가 알고 있다. 그래서 자신의 아이들도 책을 읽으며 자라길 바란다. 그런데 그 책 읽기를 공부 다음으로 미뤄도 나중에 책을 읽는 아이로 성장할 수 있을까?

책 읽는 습관은 나중에 언제든 가질 수 있는 것이 아니다. 그렇다면 지금 알고 있는 사실을 바로 실행에 옮겨야 한다. 책 읽기 습관은 무엇보다 중요한 일이고 지금 당장 하지 않으면 영원히 잡을 수 없는 신기루 같은 것이다.

책만 잘 읽어도
초등 공부는 끝이다

우리나라의 사교육의 1번지 대치동에는 모든 학원이 밀집되어 있다. 인기가 있는 강사들은 월 억대의 수입을 올린다. 대치동의 진정한 러시아워 시간은 밤 10시 전후 학원이 끝나는 시간이라고 한다.

예전 대치동 학원의 실태를 다룬 다큐멘터리를 보는데 처음 보는 광경에 놀랐던 기억이 있다. 학원이 끝나는 시간이 되자 학원 앞으로 자동차들이 길게 줄을 지어 늘어서 있다. 학원에서 나오는 학생들이 바퀴가 달린 여행 가방을 끌고 나오더니 하나둘씩 차에 오른다. 몇몇 남자애들은 부모님 차를 기다리며 학원 앞 인도에서 축구공으로 공을 차고 있었다. 밤 10시의 풍경과는 멀어 보이는 거리 풍경이었다.

　수업을 들으러 오는 지역도 다양했다. 여의도, 목동 등 서울 각지는 물론 춘천에서 왔다는 학생도 있었다. 방송을 보면서 새로운 광경에 정말 많이 놀랐다. 물론 그때 아이가 아주 어릴 때라 남일 보듯이 방송을 봤다. 지금 초등학교 때부터 학원에 다니는 학생들을 보면서 이 아이들의 미래도 크게 다르지 않을 것 같다.

　주변 중고등학생 자녀를 둔 지인들의 이야기를 들어보면 학원에 다니지 않는 아이는 한 명도 없는 것 같다. 그런데 정말 안타까운 것은 모든 아이가 성적이 우수하지는 않다는 것이다. 그런데 왜 보내는 것일까? 부족한 공부를 보충하기 위해 아이가 원해서 다니는 것일까?

　엄마의 불안감 때문이 아닐까 생각한다. '모든 아이가 학원에 가는데, 내 아이는 학원에 다니지 않고 그 아이들과 경쟁할 수 있을까?' 하는 막연한 불안감 때문이다.

　고등학교에 입학한 자녀를 둔 지인이 나를 붙잡고 후회하며 하소연을 해왔다. 막 초등학교에 입학한 아이를 둔 나에게 본인처럼 아이를 키우지 말고 소신껏 아이를 키우라고 조언해주었다.

　어릴 때 책을 잘 읽고 그림 그리기를 좋아하던 아이를 중간에 보습 학원에 보내면서 이것도 저것도 아닌 결과를 냈다고 했다. 심지어 어릴 때 연산을 꼭 시켜야 한다고 학습지 선생님의 영업에 넘어가 방문 학습지를 열심히 시켰다. 그런데 고등학교 수학 학원에 등록하고 나자 학원에서 하는 말이 연산 기초가 부족하다는 말만 돌아왔다고 한다.

우리는 끝까지 가보고 나서야 후회한다. 어쩌면 비슷한 예상을 하면서도 남들 다 하니까 시키고 있지는 않을까? 그리고 '성적이 중간만 되어도 좋겠다'라고 생각하면서 학원으로 아이들을 내몬다.

중간 정도의 성적을 위해 그 긴 시간을, 인생에서 가장 빛나는 시간을 막연한 결과를 기대하며 보내야 할까? 끝까지 가서 아이의 꿈이 다 사라진 후에 후회하지 말았으면 좋겠다.

내가 하브루타 교육법에 관심이 많아 관련된 교육을 받으면서 알게 된 선생님이 있었다. 내가 그분을 만났던 그해에 두 명의 자녀를 서울 유명 대학에 입학시켰다고 한다. 그런데 그분은 다른 고3 수험생을 뒀던 엄마 같지 않았다.

보통 대학을 입학시킨 부모들은 그동안 뒷바라지하느라 힘들었던 과정과 자신의 사생활을 포기했던 고충을 토로하기 마련이다. 그런데 이분은 자녀들의 고등학교 3년 동안 그 어느 때보다 자기 일에 매진하셨다고 한다. 아이들이 혼자 공부하고 다 커서 학원에 다니는데 엄마 도움이 왜 필요하냐며 미소 지으며 가장 여유로운 시간이었다고 말한다. 학원에 다니는 것도 다른 아이들과 다를 바 없는 것 같은데 어떻게 아이가 원하던 결과를 얻었고 엄마는 왜 그렇게 여유로운지 너무 궁금했다.

초등학교 때부터 공부를 잘했는지 그리고 초등학교 때도 학원을 보냈는지 여쭤봤다. 자녀들이 초등학교까지는 정말 많은 책을 읽었다고 한다. 입학 전까지는 본인이 계속 읽어주고 초등학교 때부터는 쌍둥이 아들 둘이서 서로 책을 돌려가며 읽었다고 했다.

공부를 아주 못하지는 않았지만 모두 백 점을 받을 정도까지는 아니었다고 한다. 그래도 책을 잘 읽어줘서 공부하라고 절대 강요하지 않았고 초등학교에서 중학교 2학년까지 학원에 다니지 않았다고 한다.

중학교 3학년이 되면서 아이가 수학 과목을 혼자 하기가 조금 힘들다고 학원에 보내 달라고 했다고 한다. 아이가 원해서 학원을 보냈다. 엄청 유명한 학원도 아니었고 집 근처 평범한 수학 학원 한곳에 등록해준 게 다였다.

고등학교를 지원할 때 중3 성적이 좋은 편이긴 했으나 성적이 좋은 학생들이 가는 경쟁하기 힘든 고등학교를 아이 스스로 지원하겠다고 했다. 내신등급을 받기 어렵고 학습량이 많아 스트레스를 줄 것 같아 본인은 반대했다고 한다. 꼴찌를 해도 좋으니 도전해보고 싶다는 아이의 의지가 강해 지원하게 되었다.

예상대로 처음 입학하고서는 거의 꼴찌에 가까웠다고 한다. 그런데 단 한 번도 성적이 뒤로 밀리지 않고 3년 내내 한 계단 한 계단 조금씩 올라갔다고 한다. 그리고는 본인이 원하는 전공과 대학을 선택한 대로 입학했다.

이 과정에서 자신은 단지 필요하다고 할 때 아이 의지대로 수학 학원에 등록해준 것밖에 없다고 한다. 초등학교 때 열심히 읽을 책을 집에 넣어준 것뿐이라고 했다.

나는 엄마가 읽어준 책 읽기의 효과와 초등 시절 독서 습관이 자리 잡힌 것이 원하는 결과를 가져왔다고 확신한다. 책을 읽던 아이가 중고등학교에 진학하면서 성적이 오르는 사례는 정말 많다. 그것만큼이나 학원만 다니다 고등학교에 가서 성적이 떨어지는 사례도 많다.

이 선생님이 왜 하브루타 교육에 관심이 있었는지를 생각하면 당연한 결과라고 생각한다. 책을 읽히고 질문하고 토론하며 자녀를 교육하셨을 것이다.

아이가 좋은 대학을 갈 수 있으므로 책을 읽히라는 것이 아니라 아이가 원하는 길을 스스로 선택하고 간다는 데에 의미가 있다. 공부도 자신이 필요성을 느끼고 하고 싶은 의지가 생겨야 결과가 좋다. 그리고 사춘기 시기에도 부모와의 관계가 원만하게 지날 수 있다.

책 육아를 하는 엄마들은 하나같이 같은 말을 한다. 힘들지만 초등학교 때 독서 습관을 키워주면 평생 육아는 손이 가지 않을 정도로 쉽다고.

초등학교 때는 그 어느 때보다 책 읽는 습관을 만들어주어야 하는 중요한 시기다. 그리고 교과서를 읽고 이해할 수 있을 정도의 문해력을 키워주면 공부하는 게 어렵지 않다. 교과서를 읽고 이해하는 힘이 부족하므로 공부가 힘들고 어렵다. 사춘기가 오면 아이는 부모의 간섭을 받기 싫어한다. 그 전에 아이에게 조금씩 독서 습관을 길러주면 앞으로 남은 학교생활은 자기 주도적으로 계획하고 학습해나간다.

안 읽던 책을 읽게 하고 가깝게 지내도록 습관을 들이는 것이 힘들 수도 있다. 하지만 짧은 기간 독서 습관을 들이는 데 신경을 써주는 것이 앞으로 남은 기간의 육아를 더욱 편안하게 한다.

스트레스 해소 방법에 관한 연구에 따르면 책을 읽었을 때 스트레스 수준이 68%나 감소하고 심장박동수가 낮아지고 근육의 긴장도 풀린다고 한다. 음악 감상이나 산책보다 독서가 스트레스 해소에 더 도움이 된다는 연구 결과이다.

이렇게 독서가 많은 장점이 있지만, 습관이 되려면 능동적이고 적극적인 사고와 의지가 필요하다. 그러므로 어릴 때부터 습관화하지 않으면 평생 쉽지 않은 일이다.

바른 인성은
책으로 길러진다

2020년 세계 행복지수 조사에 따르면 우리나라는 153개국 중 행복지수 10점 만점에 5.872점을 받아 61위를 기록했다. 2019년 조사 결과보다 7계단 후퇴한 순위다. 이에 반해서 핀란드는 2017년에 이어 3년 연속 세계 1위를 차지했다.

핀란드의 15세 이상 독서율(2013년 OECD 조사)은 83.4%로 OECD 1위를 차지하고 우리나라는 OECD 국가 중 가장 낮은 독서율을 자랑한다. 행복지수가 독서율과 비례한다고 느껴지는 것은 나만의 생각일까?

우리나라 청소년 사망 원인 중 1위는 자살이다. 학년이 올라갈수록 스트레스와 우울감이 증가하고 있다. 사교육으로 인해 아이들이 갖는 여가시간은 2시간 미만이며 고등학생 절반 이상은 하루 평균 6시간 미만 잠을 잔다. 예전 대학입시 합격을 위해 유행하던 말이 '4당 5락'이었다. 4시간 자면 합격하고 5시간 자면 불합격이라는 믿지 못할 말이었지만 정말 4시간만 자고 공부하던 학생들이 많았다.

우리나라 청소년들의 74.8%는 사교육을 받는다고 한다. 절반 이상이 학원에 다니느라 한가한 시간이 없고 수면시간이 짧다는 말이다. 학원 다니고 공부하느라 학년이 올라갈수록 독서할 시간이 없다는 말은 그냥 나온 이야기가 아니다. 그러니 초등학교 저학년 때라도 독서 습관을 들여야 하는데 요즘은 저학년 때부터 사교육을 받으니 책 읽기는커녕 쉴 시간도 줄어들고 있다.

그런데 학업 성취가 뛰어난 유대인은 정작 중학교에 들어가서야 진정한 학과 공부를 시작한다. 먼저 책을 통해 지혜를 가르치고 학교 교육을 맨 마지막에 시킨다. 이것은 지식 공부보다 인성 교육이 우선시되어야 함을 알기 때문에 그렇다. 우리나라는 어릴 때부터 학습 비중이 크게 차지함으로써 올바른 가치관과 인성을 배울 시기를 놓치고 있다. 학년이 올라갈수록 왕따 문제나 학교폭력 문제가 커지는 것도 어릴 때부터 생각과 마음이 단단해지기도 전에 학습에 올인하기 때문이다.

우리는 모든 것을 경험할 수는 없다. 하지만 많은 경험은 살아가면서 위기를 극복하고 실패를 성공으로 바꾸는 지혜를 깨닫게 한다. 책 읽기를 통해 주인공이 되어 간접경험을 충분히 할 수 있고 책 속에서 위로도 받고 상대방의 마음도 공감할 수 있다. 공부 이전에 아이의 마음이 곧고 단단하게 자랄 수 있게 해주어야 학년이 올라갈수록 자존감도 높고 올바른 인성을 키울 수 있다.

요즘 아이가 3학년이 되면서 옆에 있는 친구 관계에 대해 많은 질문을 한다. 가끔 자신의 감정을 숨겨야 하는 것으로 착각하고 있어서 적절한 표현을 찾아 말해주느라 애를 썼다. 친구의 잘못을 알면서도 친구가 혹시 상처받을까 봐 직접 말을 못 한다든지 기분이 나쁘지만 참아야 한다고 생각해서다.

나는 감정에는 옳고 그름이 없음을 알려주었다. 화가 나고 속상하고 슬프고 미운 감정은 누구나 생기고 그 감정은 틀린 게 아니라고 말해준다. 다만 행동에는 반드시 옳고 그름이 있으니 해서는 안 되는 행동이 있다고 말한다. 나의 감정은 솔직하게 표현하되 행동으로 표출한다든가 말로 상처 주는 행동은 하면 안 된다고 일러주는데, 아이가 아직은 그것을 조금 힘들어하는 것 같았다. 무조건 참아야 하는 것으로 알고 있어서 엄마에게 화가 나는 감정도 나쁜 것이 아니라고 자꾸 알려준다.

어느 날 아이가 집에 오는 길에 학교에서 있었던 이야기보따리를 풀기 시작했다. 나는 이 시간이 제일 기대된다. 매번 듣다 보면 반 친구들의 특징도 어느 정도 알게 된다.

그날은 선생님이 종이를 한 장씩 나눠줬는데 자기가 속한 모둠의 종이가 딱 자기한테서 끝이 났다고 한다. 딸이 마지막 종이를 자기만 쏙 받자니 마음이 쓰여서 뒤에 앉은 남자 친구에게 먼저 양보했다고 한다. 그런데 그 남자아이가 쉬는 시간에 와서는 분명한 말투로 "아까 종이 나 먼저 양보해주어서 고마워."라고 했단다. 딸아이가 진짜 멋진 친구 같다며 자랑을 늘어놓았다. 나도 너무 훌륭한 친구라고 칭찬을 아끼지 않았다.

그랬더니 반 친구 중에 책을 제일 많이 읽는 친구라고 소개를 했다. 평소 책을 읽어야 하는 이유와 책의 좋은 점을 아빠, 엄마한테 귀가 아프게 들어서인지 그 친구가 책을 많이 읽어서 그렇게 용기가 있는 거라고 했다. 아이가 진짜 친구를 잘 알아가는 것이 너무 기특했다.

사소한 다툼은 아이들에게 흔하게 있는 일이다. 특히나 여자아이들은 사소한 감정싸움, 남자아이들은 크고 작은 몸싸움을 많이 한다. 다투고 나면 상대방이 먼저 상처 주었다고 말을 한다.

마음을 다친 아이를 먼저 공감해주고는 용기 있게 사과할 수 있었으면 좋겠다고 얘기해준다. 하지만 아이는 거절당할까 봐 용기를 못 낼 때가 많다. 그것 또한 아이의 감정이라 억지로 강요하지 않고 기다려주면 결국은 용기를 낸다.

254

그 용기가 아이에게 가져다주는 마음의 치유 효과는 말로 표현할 수 없을 정도로 크다. 자신의 용기 있는 행동으로 자존감까지 높아지는 효과도 있다.

마냥 어리다고 생각하고 있었는데 3학년이 되니 조금씩 감정들이 표출되어 상처받고 상처를 주는 상황들이 생기는 것 같다. 어른들이 들으면 "뭘 그런 것 가지고 속상해해." 하거나 "별것도 아닌데 잊어버려."라고 할 만한 일들이다.

과제 노트를 검사받기 위해 줄을 서 있는데 앞의 두 친구의 모습을 딸아이가 보게 되었다. 한 친구가 그림을 그린 과제를 들고 서 있는데 그 앞 친구가 휙 뺏어서 보더니 "야. 색칠이 이게 뭐야. 그림이 너무 이상해."라고 했다. 그림을 그린 친구는 "줘~." 하면서 속상한 목소리로 다시 달라고 하는데도 그림을 돌려주지 않았다고 했다.

딸아이는 그 모습을 옆에서 보고도 아무 말도 못 하고 도와주지 못했다며 집에 와서 후회하고 속상해했다. 그냥 장난으로 지나칠 수도 있지만 딸아이와 나는 그림의 주인공인 친구는 아마도 그림에 대한 자신감이 떨어질 거라며 걱정했다. 딸은 친구가 앞으로 노력도 안 해보고 그림을 못 그린다고 생각하면 어떡하느냐며 한마디도 못 도와준 자신을 탓하고 있었다. 친구 그림에 대해 상처를 준 친구가 나빴다면서 용기 내어 말리지 못한 걸 후회했다.

결국은 저녁에 친구에게 쪽지를 쓰면서 마음이 조금 풀렸다.

"친구야, 오늘 보니까 나비 그림 너무 예쁘게 그렸더라. 꽃 색깔도 너무 예쁘고. 나중에 나랑 그림 같이 그릴래? 나도 나비 그려주라~"

누가 나쁘다, 좋다 결정하는 쪽지가 아니었지만 상처받았을 친구에게 충분히 위로될 것 같았고 서로 좋은 친구가 되겠다는 생각이 들었다.

아이가 책 속에서 일어나는 사건들은 책 속에만 존재하는 일인 줄 알았다고 한다. 그런데 가만히 생각해보면 친구들과의 일들이 어딘가에서 본 듯 익숙하게 느껴진다며 책 속 이야기가 실제로도 일어나는 것이 놀랍다고 했다.

내가 책을 읽히는 이유 중 가장 큰 이유는 다른 사람을 이해하는 마음을 갖고 올바른 판단을 할 수 있도록 생각하는 힘을 키워주고 싶어서다. 옳고 그름을 판단하고 용기 있는 행동을 할 수 있도록 해주는 사고의 힘을 길러주기 위해서다.

"독서가 마음에 끼치는 영향은 운동이 육체에 끼치는 영향과 같다."

리처드 스틸이 한 이야기이다. 몸을 건강히 하는 데 운동이 꼭 필요하듯이 마음을 건강하고 단단하게 할 수 있는 독서는 사회생활에 첫발을 내디딘 초등학생들에게 꼭 필요하다.

외우는 것이 아니라
깨닫는 것이 공부다

저자 최승필은 『공부 머리 독서법』에서 다음과 같이 말하고 있다.

"결국, 독서란 '나를 발견하고 세상을 이해하는 행위'인 셈입니다. 그런데 이 것은 학교 교육의 목적이기도 합니다. 국어는 사람으로서의 나를 이해하는 과목이고 나머지는 세상을 아는 데 필요한 과목들이죠."

나를 발견하고 세상을 이해하기 위해 교육을 받는 것인데 우리는 학교에 서 그리고 학원에서 얕은 지식을 외우고 정답을 맞히는 데만 집중하고 있다.

교과서 한 권에 우리나라 역사나 과학적 원리를 전부 다 담아낼 수 없으므로 깊이 있는 내용은 더더욱 담을 수 없다.

저자는 교과서에 나와 있는 지식 대부분은 '정보'만 있을 뿐 '원인'이 부실하다고 말한다. 지식은 원인과 결과가 짝을 이루어야만 제대로 된 지식 전달이 되는데 아이들은 그냥 결과만 머릿속에 담아내고 있다.

'왜 그럴까?' 하는 원인에 대한 궁금증과 질문으로 이루어지는 수업이 되어야 진정한 지식 습득이 된다. 하지만 학교 수업도 많은 원인을 알아가며 질문하기에는 시간이 부족한데 학원은 더욱 그렇다. 모든 지식을 A=B라고 원인 없이 결과만 외우고 암기한다. 왜 그런지 깨닫지 않고 결과만 외운 지식은 정확히 안다고 말할 수 없다.

나는 고등학교 시절 국사 과목을 너무 싫어하고 어려워했다. 연도별로 외워야 하는 과목이라고 생각했기 때문이다. 기억력도 별로 좋지 않은데 시대별로 발생한 사건과 왕의 이름이며 주요 정책을 암기해야 하는 고통이 이루 말할 수 없었다.

그런데 내가 성인이 되어서 국사에 관심이 생기고 흥미가 생긴 계기가 있었다. 바로 드라마를 통해 역사를 알게 되면서다. 드라마를 보며 한 시대를 이야기로 접하면서 사건이 발생한 이유와 그로 인해서 생긴 갈등과 정책을 이해하게 되니 너무 재미있었다. 국사책 두세 페이지에 나올 내용을 나는 몇 부작이나 되는 수십 시간을 통해 알아간 것이다.

책으로 읽었더라면 드라마보다 더 확실한 사실과 정보를 깨우쳤겠지만, 드라마로도 나의 호기심을 자극하기엔 충분했다. 드라마를 보고 흥미가 생기니 책으로도 읽고 싶어졌다. 내가 알던 그 따분한 국사가 아니었다.

내가 고등학교 때도 이렇게 이야기처럼 국사를 배우고 즐겼다면 훨씬 흥미로운 수업이었을 텐데 너무 아쉽다. 그래서 아이에게는 역사를 책으로 접할 수 있도록 하고 싶다. 결과만 외우는 공부가 아니라 재미있는 책의 이야기처럼 원인과 결과를 자연스럽게 이해하도록 하고 싶다.

"내가 몇 년 전부터 독서에 대하여 깨달은 바가 큰데 마구잡이로 그냥 읽어 내리기만 한다면 하루에 100번 1,000번을 읽어도 읽지 않은 것과 다를 바가 없다. 무릇 독서하는 도중에 의미를 모르는 글자를 만나면 그때마다 널리 고찰하고 세밀하게 연구하여 그 근본 뿌리를 파헤쳐 글 전체를 이해할 수 있어야 한다."

이 글은 정약용의 『유배지에서 보낸 편지』에 나오는 것으로 정약용의 독서에 관한 생각을 말해준다.

책을 많이 읽는 것도 중요하지만 얼마만큼 이해하고 깨닫는지가 독서를 하는 이유이기도 하다. 요즘 학교에서 오전 책 읽기 활동이나 온 작품 읽기 같은 프로그램을 진행하기도 한다. 한 학기 동안 한 권을 깊이 있게 읽고 완전히 이해하고 깨닫기까지를 진정한 책 읽기로 보는 것이다. 책을 천천히 정독하면서 깨달은 바를 삶과 연결해서 생각하고 실천할 때 책을 읽고 삶이 변한다.

나는 책을 많이 읽게 된 지 그리 오래되지 않았다. 그래도 처음에 책 읽기에 재미를 붙이고 읽기 시작했을 때에 비하면 읽는 책의 분야도 다양해졌다.

처음 몇 년은 책을 읽으면서 나의 의식이 변화하고 생각이 변하고 있음을 느꼈다. 점점 열심히 책을 읽는다면 나의 삶은 많은 변화가 있으리라 생각했다. 하지만 나의 삶은 크게 달라지지 않았고 책을 읽으면 성공한다고 아이에게 말을 하면서도 정작 나는 성공한 삶을 살고 있지 않았다.

책을 읽으면서 남들보다 의식이 넓어졌을 것이라는 자만심만 가득한 시기가 있었다. 진심으로 책을 읽고 깨달은 것이 아니라 얕은 지식만 겹겹이 쌓고 있었을 뿐이었다.

한 권의 책을 읽더라도 천천히 정독하며 이해하고 깨닫는 것이 진정한 책 읽기다. 아이들이 학습만화나 간단한 정보와 지식만 많이 쌓기 위해 책을 읽는다면 그것은 또 다른 시험 대비를 위한 책 읽기에 지나지 않는다.

상담한 아이 중에 정말 똑똑한 아이를 본 적이 있다. 과학적인 지식은 물론 한자도 대부분 알고 누가 봐도 2학년 수준이라고 하기엔 너무 똑똑한 아이였다. 의료기구의 과학적인 원리까지 꿰고 있어서 '커서 정말 대단한 인물이 되겠구나.' 하고 생각했다.

그런데 그 아이의 엄마는 그렇게 똑똑한데 책을 읽을 때 정확한 책 읽기가 되지 않는 것 같다고 고민을 털어놨다. 상담해보니 몇 번이나 읽었다고 하는 책인데 주인공의 이름을 바꿔서 말한다든가 정확하게 책을 이해하지 못한 듯 보였다. 너무 지식적으로 많이 알고 똑똑한 아이였는데 결과가 놀라웠다.

아이는 눈에 보이는 단어와 지식을 잘 외우고 그림을 보면서 자신만의 생각으로 이야기를 이해하고 있었다. 과학책을 보면 한쪽 옆 상자 글 안에 주요 원리를 적어두는 책들이 있다. 그것만 잘 암기하고 그림을 보고 이해하고 넘어가는 책 읽기를 하고 있었다.

아이에게 한 권의 책을 여러 번 정독하게 하고 이해한 후 질문과 토론하는 방법으로 완벽한 책 읽기를 했다. 이런 경우 여러 권의 책을 많이 읽게 하는 것보다 한 권 정독하기가 효과가 좋다.

지식만 암기하는 책 읽기는 진정한 책 읽기가 아니다. 수학 공식뿐만 아니라 책도 그런 식으로 주요 지식만 암기하며 읽는 경우도 많다. 그것은 시험을 대비한 책 읽기다. 하지만 우리가 책을 읽는 이유를 명확히 알고 있어야 아이에게도 책을 읽힐 수 있다. 시험성적이 좋아지고 머리가 좋아지기 때문만이 아니라 책을 읽고 스스로 깨달음을 얻어야 하기 때문이다. 그리고 그 깨달음을 바탕으로 세상을 살아가면서 문제를 해결하고 결정해야 하는 순간 올바른 선택을 할 수 있어야 한다. 상대를 배려하고 도우며 자신이 성장하는 더불어 사는 삶의 가치를 알아가기 위함이다.

사교육을 이기는
한 권 독서

'사교육의 착시 효과'를 아는가? 『이것이 진짜 공부 스타일이다』라는 책에서 학원에서 공부하는 학생과 집에서 혼자 공부하는 학생의 성적을 비교해서 실험했다. 책에 따르면 사교육 시간이 한 시간 증가하자 수능 백분위가 1.5% 상승했다. 그런데 혼자 공부한 학생은 한 시간이 증가하자 수능 백분위가 4.6% 상승했다.

두 가지 공부법의 효과가 확실히 비교된다. 처음 학원에 다니면 성적이 오른다고 생각하지만, 이것은 철저히 공부량이 많아서이다. 공부 시간이 늘어서 성적이 오른 것이다.

초등학교 때부터 학원에 다니는 아이들이 많다. 학원에 다니고 성적이 오른 경우도 당연히 있다. 하지만 위 실험 결과가 말해주듯이 같은 시간을 공부한다면 학원에 다니는 것보다는 혼자 공부하는 아이가 성적이 더 오른다는 것을 알 수 있다. 학원에 가서 앉아 있는다고, 책상 앞에 앉아 있는다고 성적이 오르는 것이 아니다.

고등학교 1학년 때까지 공부를 꽤 잘하던 지인의 딸이 있었다. 좋은 대학에 갈 수 있을 거라 기대하며 공부를 시켰다. 아이가 학원 다니는 것을 싫어하지 않았고 오히려 심하다 싶을 정도로 밤을 새워 공부하는 아이였다. 시험기간에는 잠을 더 줄여서 새벽에 일어나 시험 준비를 하는 성실한 아이였다.

그런데 그 아이가 어느 날 입시를 포기하고 싶다고 했다. 학원에 다니지 않겠다는 말에 엄마는 그동안 고생해온 아이를 설득하느라 진땀을 뺐다. 지금껏 유지해온 성적이 아까워 대학에 대한 부담을 주지 않기로 약속하고 공부를 계속하길 바랐지만 끝내 입시를 치르지 않았다.

잘하던 공부를 왜 그만두었을까? 이유를 들어보니 너무 안타까웠다. 울면서 아이가 하는 말이 자신은 정말 잠까지 줄여가며 온갖 노력을 다한다는 것이다. 그런데 자는 시간도 줄이지 않고 자신보다 덜 공부하는 친구를 따라가기가 너무 힘들다고 했다. 그리고 그런 것들이 자존감을 떨어뜨리고 우울해져서 공부할 의욕이 다시는 생기지 않는다고 말이다.

초등학교까지 공부를 곧잘 하던 우등생이 고등학교에 들어가서 성적이 곤두박질치는 경우를 주변에서 많이 본다. 초등학교 시기는 부모가 이끄는 대로 어느 정도 성적이 뒤따라준다. 빠른 아이들은 초등학교 고학년부터 보통은 중학교부터는 성적이 따라주지 않는다. 고등학교에 들어가면 판이 뒤집힌다는 말을 많이 한다. 갑자기 고만고만하게 공부하던 아이가 중학교 고등학교를 진학하면 성적이 갑자기 오르는 경우가 있다.

고등학교로 갈수록 문해력과 사고력이 부족하면 교과서를 이해하는 데 어려움이 생긴다. 단순 반복 암기나 주입식 학원 교육을 받았던 아이들이 학년이 오를수록 공부법이 통하지 않는 것이다.

반면 글을 읽고 이해하는 능력이 잘 길러진 아이들은 교과서도 책을 읽고 이해하듯이 공부하면서 지적 호기심을 채우게 된다. 교과서를 공부가 아닌 책 읽기처럼 읽게 된다. 게다가 책을 읽던 아이는 학년이 올라갈수록 읽는 책의 양과 수준이 높아질 텐데 교과서가 얼마나 쉽게 느껴지겠는가. 문해력과 사고력을 기르는 데는 책보다 더 좋은 것은 없다.

늦은 나이에 아이를 낳아서 내 아이는 3학년이지만 내 친구 자녀들은 고등학생이 대부분이고 군대를 보낸 친구, 대학을 입학한 자녀들 둔 친구들도 있다. 초등 저학년인 아이를 둔 친구들은 거의 없다.

내가 다니던 초등학교 시절을 떠올리며 요즘 초등학교를 비교하면 많은 차이가 있다. 특히 1학년 국어 교과서를 보고 많이 놀랐다. 세상에, 300쪽 가까이 되는 책을 한 학기에 두 권을 배우고 국어 활동이라는 책을 한 권 더 배운다. 내가 1학년 때는 그야말로 얇은 국어 교과서 한 권에 '영희야 가자, 철수야 가자'를 읽을 수만 있으면 되었다.

요즘 1학년 국어 교과서를 보니 동화책도 일부분 들어 있고 다양하게 구성되어 재미있어 보였다. 그건 어른이 보았을 때 느낌이고 아이들의 생각은 어떨까? 책을 읽지 않던 아이들은 그렇게 긴 글들을 쉽게 읽을 수 있을까 하는 생각이 든다.

1학년 때야 받아쓰기와 맞춤법 정도에 그치지만 3학년만 되어도 긴 지문에 주인공의 생각, 중심 글을 파악해야 하는 정도의 수준을 요구한다. 글의 요점을 파악하는 건 둘째 치고 긴 지문과 서술형 문제를 읽는 것만도 버거운 아이들이 많다.

그런데 독서 습관이 되어 있는 아이들은 국어 지문을 책 읽듯이 읽고 문제를 퀴즈 풀듯이 즐긴다. 그냥 국어책이 공부가 아닌 재미있는 이야기이기 때문이다.

수학은 국어와 다르다고 생각할 수도 있다. 예전 우리 초등학교 시절 수학 과목이면 국어와 확실히 다르다고 할 수 있다. 그때는 '524-365=?' 이렇게 덧셈과 뺄셈을 할 수 있으면 풀 수 있는 문제들이었다. 그런데 요즘은 수학을 아무리 공식을 외우고 연산을 잘해도 문제를 이해할 수 없으면 풀 수가 없다.

"이 배의 2층에 구명조끼가 몇 개 있나요?"

"이 배의 1층과 2층에 모두 524개가 있는데 1층에 365개가 있어요."

2층에 구명조끼가 몇 개 있는지 알아보는 수학 문제인데, 간단하게 '524-365는 얼마인가요?'라는 문제로 나오지 않는다.

물론 그다지 어려운 문제로 보이지 않을 수도 있지만 3학년이 이 문제를 이해하려면 일단 지문을 읽고 생각을 해야 한다는 것이다. 국어 과목처럼 글을 읽고 이해해야 하는 것과 다르지 않다.

그리고 5~6학년 수학 문제는 더 긴 문장을 이해해야 풀 수 있다고 생각해 보면 수학 학원만 다니며 공식만 외워서 되는 문제는 아니다. 학년이 올라갈수록 투자한 학원비에 비례해서 성적이 올라주지 않는 이유다.

선생님 말씀에 국어 단원평가를 힘들어하는 친구들이 많다고 한다. 아이도 친구들이 국어 평가를 훨씬 힘들고 싫어한다고 한다. 나는 글을 읽는 능력이 낮기 때문이라고 확실히 말할 수 있다.

국어 과목은 글을 읽고 이해하고 생각을 글로 표현하는 것이 대부분이다. 과제도 생각을 정리해서 글을 쓰는 것이 대부분인데 책 읽기가 습관이 된 아이들은 그런 과제가 힘들지 않다. 믿기 힘들겠지만 즐기면서 한다.

아이에게 하루 한 권이라도 매일 책을 읽는 습관을 들이면 국어, 과학, 사회, 도덕 같은 과목은 그냥 공부라고 생각하지 않고 책을 읽는다고 생각한다.

수학도 기초연산을 알고 개념만 이해하면 다 풀 수 있다. 개념을 이해하고 문제를 읽고 생각하는 힘을 기르지 않고 공식 암기만 중점을 두기 때문에 힘든 공부가 되는 것이다.

아이에게 어떤 사람이 되고 싶은지 가끔 물어본다. 매번 꿈이 달라지고 정말 많은 꿈을 가지고 있다. 사실 그것만으로도 나는 감사하다. 꿈을 다 이룬 것도 아니고 그 꿈이 거대한 꿈이어서가 아니다. 하고 싶은 게 많은 아이, 꿈을 꾸며 이것저것 관심을 가지고 노력하려는 모습만으로도 충분하다.

요즘 학생들에게 꿈이 뭐냐고 물으면 초등학생들은 유튜브 제작자가 많은 비중을 차지하고 청소년들은 공무원, 건물주가 꿈이라고 한다. 돈을 많이 버는 소수의 직업과 안정적인 수입을 가져다주는 직업으로 한계를 짓는다.

학교와 학원만 왔다 갔다 하며 생각할 시간이 없으면 자신의 존재 이유와 하고 싶은 일에 대해 생각해볼 시간이 없다. 대학입시가 목표가 되기 때문에 그냥 시험성적만 생각하며 살아간다. 성적에 맞추어 대학을 결정하고 꿈은 전공에 맞추거나 공무원 시험을 준비하는 똑같은 길을 걸어간다.

세상이 얼마나 크고 넓은지 할 일이 얼마나 많은지 책을 통해 알아가고 생각할 여유를 갖게 해주어야겠다. 아이가 하나의 존재로서 어떻게 성장해가는지 함께 지켜봐주고 관심을 가져야겠다.

06

책 읽기가
내 아이의 평생 자산이 된다

아이의 많은 꿈 중의 하나는 환경운동가다. 우리 부부는 복잡한 여행지보다는 한적한 곳으로 여행을 가는 걸 좋아한다. 자연스럽게 자연과 접할 기회가 많아서 그랬는지는 모르겠지만 아이도 자연을 무척 좋아한다.

매달 한 번 이상은 국립공원에 있는 자연휴양림으로 여행을 간다. 아이와 함께 가기 좋은 숙박 시설인데 아는 사람들은 자주 이용하는데 의외로 모르는 사람도 많다. 자연휴양림은 국가나 지자체에서 국립공원이나 공립공원에 허가된 최대 높이에 지을 수 있는 숙박 시설이다. 여러 형태의 숙박 시설 중에 우리는 개별로 지어진 '숲속의 집'을 선호한다. 아이는 『톰 소여의 모험』 책에 나오는 숲속 통나무집으로 생각해서 너무 좋아한다.

그곳에 묵는 동안은 숲 전체가 우리의 정원이 된다. 문만 열고 나가도 여름엔 시원한 계곡도 흐르고, 가을이면 밤과 도토리가 떨어져 있다. 도토리를 주우러 온 다람쥐와 청설모도 눈앞에서 자주 볼 수 있다. 이름 모를 꽃과 나무들이 숲속 산책길을 따라 줄지어 있고 약수터로 가서 시원한 물도 마신다. 산불 예방 기간이 아닐 때는 야외에서 바비큐도 구워 먹을 수 있어서 아이가 자주 가고 싶어 하는 여행지다.

최근에는 TV가 있는 휴양림이 많아졌지만, 예전에는 온전히 쉬러 오는 숙박 시설이라 TV가 거의 설치되어 있지 않았다. 봄에 가면 개울가에 도롱뇽 알이나 개구리 알도 많이 볼 수 있어서 아이랑 반나절을 개울가에서만 논 적도 많다.

바비큐를 할 수 없는 산불 예방 기간은 아쉽지만, 뉴스를 통해 강원도에 산불이 나는 것을 보면 우리가 꼭 지켜야 하는 약속임을 배운다.

책을 읽다가 산에서 보았던 꽃을 보거나 곤충들을 발견하면 더 깊이 관심을 가지고 본다. 처음 책을 통해 접했다면 그렇게 큰 관심을 가지고 읽지는 못했을 텐데 직접 보았던 것들이라 신기해하며 읽는다. 읽다가 직접 보고 싶은 식물들을 발견하면 사진을 찍어두었다가 다음번에 갈 때 찾아보자고 제안하기도 한다.

이런 것들을 부모가 다 가르쳐주고 관심을 두게 하려면 엄청난 전문가 되어야 하고 열정이 있어야 한다. 하지만 책을 통하면 자연스럽게 스스로 보고 관심을 가지고 관찰하게 된다. 자연에 관해 관심이 커지면서 그것을 지키는 것까지 생각의 폭을 넓혀간다.

여행을 가는 차 안에서 혼자 흥얼거리다가 자연을 소재로 가사와 멜로디를 만들어 노래를 들려주기도 한다. 그러면서 자신이 노래를 만드는 데 소질이 있는 것 같다며 작곡가의 꿈을 하나 더 추가한다. 그렇게 하나씩 늘어가는 꿈들이 아이 마음속에서 자라는 게 참 다행이라는 생각이 든다.

친척 집에 놀러 갔다가 오랜만에 TV 광고를 보게 되었다. 지구온난화로 인해 빙하가 녹아 해수면이 상승해서 북극곰이 위기에 처해 있는 것을 보았다. 이런 기후변화는 생태계를 위협하고 바다 얼음이 사라지면서 북극곰이 먹잇감을 찾아 힘든 이동을 한다. 20~30년 후면 북극곰이 아예 사라질지도 모른다고 하자 아이가 급하게 아빠 핸드폰을 빌려 카메라로 광고를 찍었다.

나중에 집으로 돌아와서 광고사진을 보여주며 북극곰 돕기를 하고 싶다고 한다. 매주 3,000원씩 받는 용돈에서 한 달 만 원을 북극곰 돕기에 쓰겠다며 가입해달라고 부탁했다. 글로벌 환경단체로 한 지역에 머무르지 않고 전 세계에 걸쳐서 환경보호에 노력을 기울이고 있는 '그린피스'에 아이 이름으로 가입해주었다.

문방구에 가서 2,000원짜리 하나를 사면서도 용돈을 꺼냈다 넣었다 하던 아이인데 용돈의 대부분을 내겠다고 하니 아빠와 나는 놀란 눈으로 쳐다보았다.

자발적인 참여는 강요로 되는 것이 아니다. 스스로 경험을 통해 느끼고, 책을 통해 지식을 쌓는다. 수많은 정보 속에서 진실을 가려내고 실천하는 힘을 기른다는 것은 학교나 학원에서 모두 배울 수 있는 것은 아니다.

요즘은 아이들은 모든 것이 풍족한 시대에 사는 것 같다. 나도 어쩔 수 없는 부모라 "엄마가 어렸을 때는…"이라는 절대로 해서는 안 되는 말을 꺼내게 된다. 밥을 남긴다든가 옷 투정을 한다거나 하면 꼭 저런 말이 나도 모르게 입에서 튀어나온다.

정말 내가 초등학교에 다니던 시절엔 도시락에 싸가는 계란말이와 소시지는 고급 반찬이었다. 한 계절에 신발을 몇 개씩 두고 번갈아 신고 다니지도 못했다. 외동인 티를 내지 않고 키우고 싶은데도 어쩔 수 없이 혼자 모든 것을 받으며 자라다 보니 자연스레 티가 난다.

유치원에서 아프리카 아동 돕기 후원 안내 책자를 받아온 적이 있었다. 아이는 그때 영상으로 본 '핫산'이라는 이름의 아프리카 남자아이를 지금도 잊지 못하고 있다. 그때는 현실적으로 경험해보지 못한 핫산의 생활이 영화처럼 느껴지고 안타까운 마음에 편지를 썼던 것 같다.

자라면서 생각의 그릇도 함께 커지니 자신보다 힘든 상황의 사람들이 현실적으로도 많다는 걸 깨닫게 되었다.

초등학교에 가서 이번에 받은 후원 안내 책자는 진지하게 들여다보고 편지를 쓴다. 그러면서 지갑에 모아둔 만 원이 넘는 용돈을 전부 털어 봉투에 넣었다.

그동안 모아둔 돈이 많지 않다며 속상한 마음으로 책자를 이리저리 살펴본다. 읽고 나더니 북극곰 돕기처럼 매달 일정 금액을 도울 수 있다는 사실을 알고 의논을 해왔다. 본인의 용돈으로는 북극곰과 아프리카 친구를 둘 다 도울 수 없다며 용돈을 더 주었으면 좋겠다고 한다.

의논 끝에 아프리카 친구를 후원하는 금액의 절반은 엄마와 아빠가 도와주고 나머지 반은 집안일 돕기로 용돈을 받아 후원하기로 결론을 내렸다.

그 이후로 아빠가 작은 물건 하나를 살 때마다 "만 원이면 아프리카 친구가 한 달을 먹을 수 있는 돈인데!" 하며 잔소리를 해댔다. 그러면서도 자기가 갖고 싶은 물건은 눈이 반짝반짝하며 고르는 걸 보니 아직 어린애다. 물론 아직은 자신의 모든 것을 다 희생하면서까지 누군가를 돕겠다고 생각하지는 못하지만 더불어 살아야 한다는 생각을 하는 것만으로도 대견하다.

'돈을 많이 벌면 더 많이 도와줘야지.'라는 생각을 하고 커가는 걸 보면서 그런 생각조차 못 하고 사는 다 큰 어른들보다는 낫다고 생각한다. 그리고 마음만 가지고 실천하지 못했던 우리에게도 바로 실천하도록 깨우쳐주어서 고맙다.

"어린이가 어른의 충고에는 귀를 막을 수 있지만 본보기에는 눈을 감지 못한다."

유대인 속담에 나오는 말이다. 아무리 백 번을 바른 말과 행동을 하라고 잔소리를 해도 부모가 실천하는 모습을 보이지 않으면 아이는 변하지 않는다. 반면에 어떤 아이라도 부모가 좋은 본보기를 보이면 그 모습을 따라 하게 되어 있다.

매일 책을 읽으라고 말해봐야 부모가 글 한 줄 읽지 않는다면 아이는 결코 책을 평생 들지 않을 것이다. 아이에게 바라는 바가 있다면 부모가 그것을 직접 실천하면 된다. 내가 하지 못하는 것을 아이에게 강요하지 말아야겠다. 부모도 처음 책 읽기가 힘들겠지만 아이 책이라도 한 장 읽는 모습을 보여준다면 아이는 훨씬 더 많은 책을 읽게 된다.

책을 통해 배운 더불어 사는 따뜻한 마음과 삶을 살아가는 지혜는 우리 아이의 평생 자산이 될 것이다.

07

책에서 인생을 배우는
아이로 키워라

내가 사는 동네에는 다른 곳에 비해 반려견을 키우는 가정이 많다. 주변에 길게 조성된 산책로가 있고 반려견 출입이 가능한 쇼핑몰이 바로 옆에 있기 때문이기도 하다. 쇼핑몰 안에는 반려견과 함께 걸어 다니며 쇼핑을 하기도 하며 카페에서 커피도 마실 수 있다. 반려견을 키우는 주인 입장에서 보면 매력적인 공간이다.

나도 예전에 반려견을 키운 경험이 있다. 반려견을 키우려면 아이를 키우듯 희생이 뒤따른다. 아이를 혼자 두고 다니지 못하는 것처럼 산책도 매일 시켜줘야 하고 긴 여행은 함께해야 한다. 나도 그때 카페나 쇼핑몰을 같이 다닐 수 있는 곳이 있었다면 너무 좋았을 것 같다.

아이가 태어나고 얼마 안 돼 가족처럼 지내던 반려견이 하늘나라로 갔다. 너무 힘든 일이었지만 아기가 태어난 지 얼마 되지 않아서 사실 정신없이 보내느라 슬픔을 잊었던 것 같다.

아이는 강아지와 고양이를 너무 좋아한다. 나와 신랑은 많은 희생과 책임감이 따르는 일을 다시 겪고 싶지 않다. 그래서 가끔 아이와 함께 애완견 카페를 가서 다른 강아지를 보며 아쉬움을 달랜다.

어느 날 자전거 뒷자리에 아이를 태우고 피아노 학원을 가고 있는데 건널목에서 신호를 기다리고 있었다. 옆에 오던 강아지가 크게 짖으며 뒤에 타고 있던 아이에게 달려들려고 했다. 많이 놀란 아이는 가면서 "너무 놀라서 죽을 뻔했어."라고 말을 했다. 그런데 그렇게 놀라고 나서도 "너무 귀여워! 키우고 싶어." 하는 걸 보고 '정말 좋아하는구나.' 하고 생각했다.

조용하던 아이가 의문을 갖고 물어왔다.

"강아지들은 어떻게 사람에게 와서 살게 되는 거야?"

사실 많은 강아지가 분양되는데 강제 교배도 행해지고 새끼를 낳고 젖도 떼기 전에 분양센터로 보내진다. 아이에게 사실 그대로 알려주려다가 조금

돌려서 말해주었다.

"강아지는 사람과 달라서 한 번에 많은 새끼를 낳는데 혼자 다 키우기가 힘들어서 대신 한 마리씩 보살펴주려고 데려오는 거야."

그렇게 미화시켜 말해주었지만 아이는 돈을 주고 데려오는 반려견이라는 것을 책에서 보았다고 했다.

"엄마 대신 데려와서 보살펴주는 거라서 엄마보다 훨씬 사랑해주고 아껴줘야겠네. 우리가 잘 안 돌봐주면 새끼도 엄마한테 가고 싶고 엄마도 새끼 걱정하고 있을 것 같아."

아직 좋은 환경에서 낳은 새끼를 데려오는 것을 분양받는 것으로 알고 있어서 다행이긴 하지만 언젠가 더 깊은 사실도 알게 되긴 할 것 같다.

아이는 도서관에서 『검둥개 럭키』라는 책을 빌려 보았다. 생활에서 느낀 것은 책을 통해 궁금한 점을 찾아본다. 아이가 직접 호기심을 갖고 찾아보고 지식을 습득하고 생각하고 깨닫는 과정이 진정한 배움이 아닌가 생각한다.

『검둥개 럭키』를 읽으면서 책임감 없이 동물을 쉽게 키우려 하면 안 된다는 것도 배웠을 것이고, 또 사랑으로 생명을 아끼고 보호해주는 마음을 키워

초등 매일 한 권 독서 습관

야 하는 것도 배웠을 것이다. 이런 마음들은 누군가 가르친다고 깨닫게 되는 것이 아니다. 경험과 책은 생각할 수 있게 하고 자신의 마음을 움직일 수 있다. 결국은 깨닫고 실천할 수 있는 올바른 가치관을 갖게 한다.

살아가는 데 필요한 것은 다양한 지식이 아니다. 책을 읽으면서 상대를 이해하고 옳고 그름을 판단할 줄 아는 힘을 길러 올바른 선택을 할 수 있어야 한다.

꿈을 향해 끝없이 노력해야 한다고 아무리 말해도 아이의 마음을 움직이기보다는 오히려 지겨운 잔소리로 받아들일 뿐이다. 그런 말보다는 성공한 사람들의 이야기를 통해 어떤 과정을 겪고 이루어내는지 책 한 권을 읽는 게 아이의 마음을 움직이기 쉽다.

실패를 두려워하지 않는 사람은 없다. 그런데 유독 아이가 실패하는 걸 두려워한다. 종이접기 하다가 삐뚤게 접히면 몇 장을 버리고 못 할 것 같으면 접어달라고 부탁한다. 달리기하다가도 이길 수 없을 것 같으면 중간에 아예 포기해버린다. 어떤 것은 해보기도 전에 못 할 것 같으면 시도도 하지 않는다. 할 수 있을 것 같은 것만 도전하고 잘 해내면 그것은 더욱 열심히 한다. 자신이 잘할 수 있으니까.

그런 아이에게 "용기를 가져라. 도전해봐라. 실패해도 괜찮다. 처음부터 잘하는 사람은 없다."라고 백 번을 말해도 용기를 갖기가 쉽지 않다. 자신은 이미 걸음마를 배우기 위해 2천 번을 넘어졌다가 일어나는 엄청난 일을 해냈는데도 실패를 두려워한다.

'김연아, 박지성, 강수진, 아인슈타인' 같은 성공한 사람들의 성장 과정을 읽으면서 달라진다. 결과만 보았던 아이였다. 김연아는 타고난 신체에 점프를 잘해서 스케이트를 타게 된 줄 알았다. 내가 아무리 옆에서 힘든 연습 과정을 겪고 이뤄낸 결과라고 얘기해도 가슴에 와닿지 않았나 보다. 결국, 책을 읽으면서 스스로 가슴으로 느끼고 난 후에야 그 결과 뒤에 엄청난 노력이 있었음을 깨닫는다.

힘들 때마다 아이는 스스로 중얼거린다. '처음부터 잘할 수는 없어. 실수해도 괜찮아.' 자신의 마음과는 달리 일이 잘 풀리지 않을 때면 일부러 저런 말을 하면서 도전하는 모습을 보면 기특하기도 하지만 안쓰러울 때가 있다. 그렇지만 앞으로 아이 혼자 세상을 살아가며 도전하고 넘어야 할 과정이 많다. 부모가 대신해 줄 수 없다. 느리지만 스스로 하나를 넘어야 더 큰 산도 넘을 힘이 생긴다.

'투자의 귀재' 워런 버핏 버크셔 해서웨이 회장은 샌프란시스코에 있는 빈민구제단체 '글라이드 재단'의 기금을 마련하기 위해 20년째 자선경매를 이어오고 있다. 바로 워런 버핏과의 점심 식사 자리를 경매에 부치고 낙찰자와 함께 식사하며 향후 투자처 등에 대해 질문과 대화를 할 수 있다. 2019년에는 역대 최고가인 456만 7888달러(약 54억 원)에 낙찰되었다. 워런 버핏의 생각과 지혜를 얻기 위해 내는 금액이다. 이렇게 한 분야에서 성공한 사람들의 지혜를 얻기 위해서는 많은 금액도 마다하지 않는다.

우리는 전 시대를 살다간 위대한 철학자나 발명가 등 위인들을 책을 통해 만날 수 있다. 위인들의 생각을 들을 수 있고 대화할 수 있는 책 한 권의 가격이 15,000원 정도이다. 이 책 한 권의 가치를 어른들도 잘 모르고 지낸다.

아이들을 입시 경쟁을 위한 성적 때문에 학원과 문제집 풀기로 하루를 보내게 하기보다는 한 권의 책을 통해 지혜를 얻게 하길 바란다. 부모가 아이에게 줄 수 있는 최고의 유산은 매일의 식사 시간에 여러 위인을 초대하고 대화하며 아이들의 멋진 미래를 위한 지혜를 함께 구하는 것이 아닐까 한다.